新型农民培训丛书

畜禽饲料安全使用与监控技术

农业部农民科技教育培训中心
中央农业广播电视学校 组编

中国农业大学出版社

主　编　董红霞

审　稿　徐建义　李玉冰　寇建平　常英新　陈肖安

新型农民培训丛书编委会

内容提要

本书就当前饲料行业凸显的安全问题（饲料中的有毒、有害物质，饲料中的工业污染、农药污染、饲料中的违禁药物，饲料添加剂和饲料标签的使用，饲料加工的质量控制等），介绍了畜禽饲料安全使用和监控方面的基本知识、监控方法及国内外有关饲料安全的现状与法律法规等。本书对于增强饲料生产者及使用者的质量安全意识与法律意识，在实际工作中确保饲料安全、保障畜产品的质量安全具有重要意义。

编写说明

为了提高饲料生产企业、饲料生产者及专业养殖户的质量安全意识与法律意识，达到确保饲料安全、保障畜产品质量安全的目的，我们组织有关专家编写了《畜禽饲料安全使用与监控技术》培训教材，作为新型农民科技培训丛书之一。本书紧紧围绕当前饲料行业凸显的几个安全问题，并结合农民科技培训的实际需求，阐述了畜禽饲料安全使用的基本知识及国内外有关饲料安全的现状与法律法规等，力求实际、实用、实效、通俗易懂。该书既可作为饲料生产企业、饲料生产者的培训教材，也可作为畜牧技术与管理人员、专业养殖户及农业职业院校相关专业师生的学习参考用书。

由于编写任务紧、时间仓促，编著者水平有限，本书难免有不妥之处，敬请广大读者提出意见。

农业部农民科技教育培训中心

中央农业广播电视学校

2008年7月

目　录

一、概　　述

随着世界畜牧业的长足发展，畜牧业生产水平有了显著提高，畜产品产量大大增加，畜牧业在满足人类动物食品的需求方面做出了巨大贡献。据估计，在全球人类食物中16％的能量和36％的蛋白质都是由动物性食品提供。而畜产品质量安全的关键是饲料质量安全。当前，随着人民生活水平的日益提高，肉、蛋、奶等畜产品逐渐成为百姓日常的必需品。近年来滥用饲料及药物添加剂、违法使用瘦肉精事件的尘埃还未落定，苏丹红、三聚氰胺（“蛋白精”）、孔雀石绿的风波又起，这些畜产品质量安全事件在社会上乃至国际上都引起了较大反响，直接影响了畜产品的消费。而这些事件的发生又恰恰说明畜产品质量安全的重点、源头在饲料行业，饲料质量安全问题是关系到老百姓餐桌安全的重要问题。因此，必须从饲料这个源头抓起，规范饲料及饲料添加剂等投入品的使用。

当今世界饲料工业各地区发展很不平衡，北美、西欧等发达国家饲料工业起步较早，基础好，饲料体系完善，已进入稳定发展阶段。我国的饲料工业则是一个新兴产业，是从20世纪70年代末、80年代初起步，90年代进入快速发展时期，进入21世纪，饲料工业步入成熟发展期，用了20多年的时间，走完了发达国家50多年的发展道路。饲料工业产品产量由80年代的60多万吨，增长到

2005 年的 1.07 亿吨，产品也由十几个品种发展到数百个品种，一跃成为世界第二饲料生产大国。成绩是巨大的，但问题也是明显的。饲料工业的高速发展促进了新技术的应用，加快了饲料资源的开发利用，也给不法之徒违纪违法、投机取巧提供了机会。饲料安全已直接影响到人们的生命和身体健康，这使食品的安全性成为人们关注的热点。因此，饲料生产的安全监控问题越来越成为各国政府饲料行业管理的重中之重。

(一)饲料安全的概念及特点

1.饲料及饲料安全的概念

(1)饲料的概念

饲料，广义上是指能提供动物所需要的营养成分，保证动物健康，促进动物生长和生产，且在合理使用的情况下不会发生有害作用的可饲用物质，包括农家饲料和工业饲料。人们通常所说的饲料一般是指工业饲料，亦即狭义饲料的概念，即指经工业化加工、制作的供动物食用的饲料，包括单一饲料、添加剂预混饲料、浓缩饲料、配合饲料和精料补充料以及饲料添加剂。而农家饲料是指农户利用自己种植的粮食作物以及农副产品、剩菜剩饭、青草、泔水等经过简单的加工处理制作成的饲料。

(2)饲料安全的概念

饲料安全是指饲料中不应含有对饲养动物的健康与生产性能造成实际危害的有毒、有害物质或因素，并且这类有毒、有害物质或因素不会在畜产品中残留、蓄积和转移而危害人体健康或对人类的生存环境构成威胁。

2.饲料安全的特性

(1)隐蔽性

一是由于技术手段的限制,一些饲料原料在投入使用之初,其危害性并不能被充分地认识到。二是对一些原料的毒副作用,利用常规的检测方法不能进行有效鉴别,对其影响程度,在一定时期内得不到有效鉴别。三是在一般情况下,饲料产品或物质的危害性不能通过观察饲养动物及时发现,因为影响饲料安全的各种因素往往是潜移默化地进入养殖产品,并通过养殖产品转移到人体或环境中,对人体健康和环境造成危害。

(2)累积性

饲料中的不安全因素,如重金属等有毒、有害物质,一是会通过被饲动物的产品或器官累积,人食用了这些动物的产品或器官以后会影响人体健康甚至造成中毒或死亡;二是会通过排泄物排到体外,污染周边环境,进而污染水源等,对人的健康造成危害。

(3)长期性

一方面,饲料产品中的不安全因素是长期存在的,虽然通过加强监督管理和提高安全意识,危害发生的程度和范围会减小,但短时间内不可能完全消除;另一方面,在用饲料饲喂过程中蓄积在养殖动物体内的有毒、有害物质直接污染环境或通过人体蓄积所造成的影响也是长期的。

(4)复杂性

饲料产品中不安全因素众多,而且复杂多变。其中,有些是人为因素,有些是非人为因素;有些是偶然因素,有些则是长期累积的结果。在已有的问题逐步得到解决的同时,新的问题还在不断出现。

由饲料产品的重要性和特殊性所决定,解决饲料安全问题必须标本兼治,必须要有完整的战略思路,同时也要有一整套切实可

行的政策措施。

(二)我国饲料安全的现状及措施

1.我国饲料安全的现状

从近年来全国饲料和饲料添加剂质量监督抽查以及各地在饲料产品安全监管工作中发现的情况看,我国现阶段饲料安全中存在的问题主要有:

(1)在饲料中添加违禁药品

常用的违禁药品包括激素类、类激素类和安眠镇定类。农业部于 1998 年发布了《关于严禁非法使用兽药的通知》,随后又陆续发布了一些禁用药品的通知,强调严禁在饲料产品中添加未经农业部批准使用的兽药品种,严禁非法使用兽药。2002 年 2 月,农业部、卫生部、国家药品监督管理局联合发布了《禁止在饲料和动物饮用水中使用的药物品种目录》。2002 年 3 月,农业部又发布了《食品动物禁用的兽药及其他化合物清单》。这些法规对饲料中的各种禁用药物做了明确规定。可是,少数商家和养殖者为了追求经济效益,置国家法律于不顾,在饲料生产和养殖过程中使用违禁药物,给人体健康带来严重后果。

(2)超范围使用饲料添加剂

1999 年,农业部颁布了《允许使用的饲料添加剂品种目录》(农业部 105 号公告),规定除饲料级氨基酸、饲料级维生素、饲料级微量元素等 173 种(类)营养性饲料添加剂和一般性饲料添加剂之外,未经新饲料添加剂评审并公告的或未办理进口饲料添加剂登记的,均属于超范围生产、经营和使用的饲料添加剂。但仍有一些企业和个人将未经审定公布的饲料添加剂用于饲料生产,潜在的安全问题不容低估。

(3)不按规定使用饲料药物添加剂

饲料药物添加剂是指为预防、治疗动物疾病而掺入载体或稀释剂的兽药的预混物，常用的药物添加剂主要有抗生素和驱虫剂等。2001 年 7 月，农业部发布了《饲料药物添加剂使用规范》，规定了 57 种饲料药物添加剂的适用动物、用法与用量、停药期及注意事项等。然而，不少饲料企业和畜禽养殖场(户)不严格执行规定，超允许品种添加、超限量添加药物添加剂，不遵守休药期规定，不遵守配伍禁忌等规定，或者将不同品牌的饲料产品混合饲用，致使属于配伍禁忌的几种药物被同时使用。由此导致饲料中的药物成分在养殖产品中蓄积残留，产生耐药性，对人体产生不良影响，并对环境造成污染。

(4)在反刍动物饲料中添加和使用动物性饲料

肉骨粉等动物性饲料虽然从开发利用蛋白资源的角度看具有良好的社会效益和经济效益，但从安全的角度看对反刍动物生产却存在较大的隐患。研究表明，从英国开始的"疯牛病"就是由于使用了含有肉骨粉的配合饲料而引发的。由于我国是一个蛋白饲料资源短缺的国家，利用动物副产品制成动物性饲料是补充资源不足的有效途径。但为了规避风险，农业部于 1992 年就发文禁止在反刍动物饲料中添加或使用动物性饲料，并于 2001 年再次专门发文重申这一规定。然而，目前仍有一些养殖场(户)无视国家禁令，在反刍动物饲料中添加动物性饲料产品，造成一定的"疯牛病"隐患。

(5)污染及霉变造成饲料卫生指标超标

现代工农业生产中化学物质的广泛和大量使用，在给社会带来巨大经济效益的同时也污染了环境，并给人类带来了危害。有毒、有害化学物质除经由空气、饮水等进入动物体与人体外，也可经由饲料和食品危害动物及人体健康。从我国来看，环境对饲料的污染主要有两个方面：一是工业生产中排放的各种有毒、有害气

体、污水、残渣等，二是农业生产中化肥特别是农药的广泛使用。在目前的植物保护中，农药仍起着不可替代的作用，但由此产生的农药残留及其污染问题是严重的，农药通过对饲料原料的污染进而在饲料和动物体内残留的事件经常发生。除环境因素对饲料的污染以外，饲料在分捡、包装、运输、装卸、储存和计量等过程中也会受到各种污染。

同时，由某些微生物滋生所引起的饲料霉变问题也不容忽视。引起饲料霉变的微生物主要有黄曲霉菌、青霉菌和镰刀霉菌等。特别是黄曲霉菌对饲料原料造成的污染最为严重。在夏天高温高湿的环境中，玉米、豆粕、麸皮都很容易滋生黄曲霉菌，这些菌株不但对饲料中的蛋白质与糖化淀粉有很强的分解能力，降低饲料的营养价值与适口性，而且更为严重的是，它们能产生多种毒素，尤其以黄曲霉毒素 B_1 毒性最强，它不易溶于水，耐高温，不易被破坏，对畜禽造成严重危害。在 2002 年下半年全国饲料和饲料添加剂质量监督抽查检测发现的 1 650 批次不合格产品中，卫生指标超标的有：铅含量超标 130 批次，占全部不合格样品的 7.8%；黄曲霉毒素 B_1 75 批次，占全部不合格样品的 4.5%；沙门氏菌 42 批次，占全部不合格样品的 2.5%。

2.加强饲料安全的措施

目前，来自于饲养动物的动物性食品是人类所需动物性食品的主要来源，而饲料又是饲养动物的基本食料，在饲料—饲养动物—人类这条以食物营养为中心的食物链上，饲料这一营养级是最基础、最重要的一环。通过生物的富集作用，饲料中的某些化学成分将会在人体内逐渐积累，成为影响人类健康的重要因素。近年来，我国每年报告的食物中毒事件为 2 万～4 万例，其中有相当一部分是因为食用了不安全的动物性食品所致。由此可见，只有保证饲料的安全性，才能保证我们人类自身的健康和安全。

(1)强化生产过程质量控制

饲料生产企业应通过国家有关部门的审核验收,并获得生产许可证;企业的生产技术人员应具备一定的专业知识、生产经验,熟悉动物营养、产品技术标准及生产工艺,特有工种从业人员应取得相应的职业资格证书;厂房建筑布局合理,生产区、办公区、仓储区和生活区应当分开;要有适宜的操作间和场地,能合理放置设备和原料;应有适当的通风除尘、清洁消毒设施。

制订较为详细、全面的饲料原料安全卫生标准,强化对霉菌毒素、有毒有害污染物的检验,禁止使用劣质、霉变及受到有毒、有害物质污染的原料。玉米作为主要的饲料原料,应拣出霉粒、去除胚部,降低毒素含量。色泽异常、气味不良及霉变结块的劣质豆粕不应作为饲料原料使用。在配合饲料生产中,应通过膨化与制粒工艺杀死原料中的细菌、霉菌。

严格执行《饲料和饲料添加剂管理条例》,严禁违规、超量使用饲料添加剂,逐步减少抗生素类等饲料添加剂的使用。

饲料生产企业应按照饲料生产有关制度的要求,引入 HACCP 体系,建立起完整、有效的质量监控和检测体系。质检部门应设立仪器室、检验操作室和留样观察室,要有严格的质量检验操作规程;要强化对有毒、有害物质及添加剂的检测,对于有毒物质及添加剂含量超标的产品要严禁出厂,并及时查清原因,采取纠正措施;质检部门必须有完整的检验记录和检验报告,并保存 2 年以上。饲料标签必须按规定注明产品的商标、名称、分析成分保证值、药物名称及有效成分含量和产品保质期等信息。

(2)重视储运过程质量控制

饲料生产企业应具备与生产能力相适应的仓储能力,仓储设施应当符合防水、防潮、防鼠害的要求,并具有控温、控湿性能。在常温仓房内储存饲料,一般要求相对湿度在 70%以下,饲料的水分含量不应超过 12.5%。杀虫、灭鼠要使用高效低毒的化学药

剂，严防毒饵混入饲料。要定期对饲料的品质进行检验，并根据饲料产品说明书上所规定的有效期决定储藏时间。配合型的颗粒状饲料储藏期一般为 1～3 个月；粉状配合饲料的储藏期不宜超过 10 天；浓缩粉状饲料一般加入了适量抗氧化剂，储藏期为 3～4 周；添加剂预混饲料一般加入抗氧化剂后储藏期可达 3～6 个月。

饲料包装要具有足够的机械强度和较好的防潮性能，以免因风吹雨淋引起霉烂、变质和吸附有毒、有害物质。装运前要清洁运输工具，做到"五不装"，即：运输工具不完好不装；运输工具有毒、有异味不装；运输工具未扫干净不装；受污染变质的饲料不装；包装破漏的饲料不装。建议由生产厂家或经销商配备专用运输车辆，实行统一配送、一站式服务，直接将饲料产品送到养殖户手中，减少中间周转环节。

(3)加强使用过程质量控制

使用前要仔细察看标签合格证是否齐全，明确添加剂的化学名称、含量、配伍禁忌、使用方法、保存方法、生产日期、保质期及注意事项等。如浓缩饲料中已加入了添加剂成分，在饲喂时就不必再加了，否则会因重复加入导致过量食用，引起中毒。

为了减少抗生素等添加剂在动物体内的残留，应采取间歇饲喂、喂停结合的措施来降低有毒成分在动物体内蓄积，尤其是在动物屠宰前一周以及产蛋期、哺乳期应停止应用抗生素。抗生素的停药期在农业部发布的规定中已有明确规定，应严格执行。

二、饲料中的有毒、有害成分

（一）饲料中常见的天然有毒、有害物质

1. 棉籽饼（粕）中的有毒成分

（1）棉籽饼（粕）中的有毒物质

棉籽饼（粕）中对动物有毒的物质主要是棉酚、棉酚紫、棉酚青色素和棉绿素等，其中以棉酚的含量相对较高，而且毒性较大，其他毒素均是棉酚的衍生物。游离棉酚易被肠道吸收，在体内比较稳定，不易被破坏，有蓄积作用，以肝脏蓄积水平最高，肌肉中甚微。肝脏→胆汁→粪便循环代谢是排泄体内棉酚的主要途径和解毒过程。

（2）棉酚的分布特点

棉籽的胚叶上布满黑褐色圆形或椭圆形的色素腺体，腺体内除了油脂和树脂外，还含有大量的色素物质，其中以棉酚为主，占色素腺体质量的 20.6%～39.0%。此外，还含有多种棉酚的衍生物。每个色素腺体由 5～8 层水敏性的内壁所包被。此壁遇水或极性溶剂就破裂，放出内含的色素微粒，其中主要是棉酚。如果未遇到水或极性溶剂，色素腺体的壁可承受机械压力而保持完整，非

极性溶剂也无法使之破裂。不同种类和不同品种的棉花，其棉籽中色素腺体的数量相差很大，而棉籽中色素腺体的数目越多，棉酚含量就越高。棉花的栽培环境条件对棉籽中棉酚含量有一定的影响。据报道，棉酚含量与栽培环境温度呈负相关，和降雨量呈正相关。使用氮、磷、钾完全肥料比单施氮肥或磷肥时的棉酚含量高。棉籽储存期间的棉酚含量随储存时间的延长而降低。

棉籽经过榨油加工，原来存在于棉籽仁中的棉酚一部分转入油中，另一部分存在于饼(粕)中，且其中一部分棉酚由于加工过程中的受热作用，与蛋白等结合成结合棉酚。因此饼(粕)中的游离棉酚比棉籽中少得多。榨油工艺直接影响棉籽饼(粕)中棉酚的含量，传统加工工艺即土榨法，由于榨油时压力小，对料坯所起的只是单纯的压力作用，同时蒸炒温度较低，因此对腺体的破坏不够彻底，饼(粕)中残存游离棉酚较多。

(3)棉酚的危害

棉酚主要由其活性醛基和活性羟基产生毒性和引起多种危害。棉酚被家畜摄入后，大部分在消化道中形成结合棉酚直接经肠道随粪排出，只有小部分被吸收。棉酚在体内分布于肝、血液、肾和肌肉组织中，而以肝内含量最高。棉酚主要随同胆汁通过粪便排出体外，少量随尿液排出，也可由乳汁排泄。但棉酚的排泄比较缓慢，在体内有明显的蓄积作用，因而长期采食棉籽饼(粕)会引起棉酚的积累而发生中毒。

棉酚的主要危害，一是大量棉酚进入消化道后，可刺激胃肠黏膜，引起胃肠炎；吸收入血液后，能损害心、肝、肾等器官，如因心脏损害而致心力衰竭及肺水肿和全身缺氧性变化。棉酚能增强血管壁的通透性，促进血浆和血细胞渗向周围组织，使受害的组织发生浆液性浸润和出血性炎症，以及发生体腔积液。棉酚的脂溶性使其易积累在神经细胞中，使神经系统的机能发生紊乱。二是棉酚在体内可与许多功能蛋白质和一些重要的酶结合，使它们丧失活性；与铁结合可以干扰血红蛋白的合成而引起缺铁性贫血。三是棉酚可影响雄性动物的生殖机能。动物试验表明，棉酚能破坏动物的睾丸生精上皮，导致精子畸形、死亡，直至无精子。因此棉酚可使动物繁殖能力下降，甚至造成公畜不育。四是棉酚可影响蛋品品质，产蛋鸡饲喂棉籽饼(粕)时，其产出的蛋经过一定时间的储存后，蛋黄变成黄绿色或红褐色，有时出现斑点。五是棉酚可降低棉籽饼(粕)中赖氨酸的有效性。

(4)棉籽饼(粕)中毒的预防

一是原料及饲料中游离棉酚不能超标，其允许量见表 2-1。二是控制棉籽饼(粕)在饲粮中的安全用量。对于我国工厂化制油工艺生产的棉籽饼(粕)，肉猪、肉鸡的安全用量为饲粮的 10%～20%，母猪及产蛋鸡的安全用量为饲粮的 5%～10%。反刍动物对棉酚的耐受性较强，故棉籽饼(粕)在饲粮中的用量可再加大。至于用无腺体棉籽加工得到的棉籽饼(粕)，棉酚含量极少，直接大量地用来饲喂家畜是安全的。三是去毒后用作饲料。我国农村生产的土榨饼中游离棉酚含量一般均在 0.2%左右，有的含量更高，如果直接利用，在饲粮中的用量必须低于 5%，因此必须进行去毒处理。对棉酚含量超过 0.2%的棉籽饼(粕)，尽管去毒后用作饲料，也应小心使用，以防去毒剂在饼(粕)中残留过多引起危害。四是适当提高饲料的蛋白质水平和补充赖氨酸。如前所述，饲粮中高水平蛋白质可以降低棉酚的毒性，因此，用棉籽饼(粕)做饲料时，其配方中蛋白质含量最好稍高于规定的饲养标准。棉籽饼(粕)蛋白质中赖氨酸的含量和有效性低，如果在日粮中适当补充赖氨酸，可获得较好的饲养效果。五是培育无腺体棉花品种。棉籽中的色素腺体是棉酚存在的主要场所，若能选育无腺体的棉花品种，其棉籽不含或仅含少量的棉酚，无需做任何处理就可得到无毒、优质的棉籽饼(粕)。

表 2-1 我国饲料卫生标准中规定的游离棉酚允许量

毫克/千克

饲料种类	游离棉酚
棉籽饼(粕)	≤1 200
肉用仔鸡、生长鸡配合饲料	≤100
产蛋鸡配合饲料	≤20
生长肥育猪配合饲料	≤60

2. 菜籽饼(粕)中的有毒成分

(1)菜籽饼(粕)中的有毒物质

菜籽饼(粕)中的毒素主要是硫葡萄糖甙(简称硫甙)及其降解产物异硫氰酸盐、噁唑烷硫酮、腈、芥子碱、植酸和单宁等。其中硫葡萄糖甙又称芥子甙,是菜籽饼(粕)中的主要抗营养因子。硫葡萄糖甙本身无毒,但畜禽摄食后经饲料中芥子酶或胃肠道细菌的催化作用,水解生成异硫氰酸酯(ITC)、噁唑烷硫酮(OZT)、硫氰酸酯(SCN)和腈(RCN),这些产物不仅具有挥发性臭味和辛辣味,严重影响适口性,破坏消化器官黏膜,还能抑制甲状腺素合成,导致甲状腺肿大。

(2)菜籽饼(粕)中毒素的分布

菜籽饼(粕)中各种毒素含量随油菜品种、产地及加工制油工艺不同,差异很大。我国栽培的油菜主要为白菜型、芥菜型、甘蓝型等双高(高芥酸、高硫葡萄糖甙)油菜品种。其中甘蓝型油菜硫甙的平均含量为 6.13%(变幅为 1.10%~8.62%),白菜型油菜硫甙的平均含量为 4.04%(变幅为 0.97%~6.25%),芥菜型油菜硫甙的平均含量为 4.85%(变幅为 2.23%~6.03%)。研究还发现,硫葡萄糖甙含量与油菜生长期呈正相关。南方主要种植冬油菜品种,生长期长,毒素含量较高;北方主要种植春油菜品种,生长期较短，因此毒素含量较低。油菜生长的环境条件和栽培技术对其中硫甙的含量也有一定的影响。据研究，同一油菜品种异地栽种时，由于生态的变化，硫甙的含量会发生变化。施用氮肥和硫肥可使硫甙的含量略有增加。油菜籽中的硫葡萄糖甙并无毒性，经过所含硫葡萄糖甙酶水解后才变成有毒的异硫氰酸盐等。因而，温度和含水量是这种酶解变化的基本条件。当水分含量高达15.5%、温度为 55℃时，1 分钟内有 90%以上的硫葡萄糖甙被酶解，15 分钟内有 99%被酶解。目前菜籽脱油工艺有压榨法、预压浸提法和直接浸提法三种，其中农村榨油使用的土榨法产生的饼中异硫氰酸酯和噁唑烷硫酮较高。

(3)硫葡萄糖甙降解产物的毒性及危害

硫葡萄糖甙降解产物主要有异硫氰酸酯(ITC)、噁唑烷硫酮(OZT)、硫氰酸酯(SCN)和腈(RCN)。其中 ITC 具有挥发性臭味和辛辣味，严重影响适口性，高浓度的 ITC 对黏膜有强烈的刺激作用，长期或大量饲喂菜籽饼可引起胃肠炎、肾炎及支气管炎，甚至引发肺水肿。OZT 进入体内，能抑制甲状腺合成，引起腺垂体促甲状腺素的分泌增加，导致甲状腺肿大，并降低动物生长速度。一般鸭比鸡对 OZT 敏感，鸡比猪敏感。SCN 能抑制碘的转换，从而降低动物甲状腺含碘量，造成甲状腺肿大。RCN 在体内能造成动物肝脏和肾脏肿大，并可抑制动物生长，其毒性比 OZT 大得多，甚至造成畜禽死亡。在畜禽生产中，如果较大量地饲喂未经去毒的菜籽饼，可能引发中毒。常见的中毒表现为溶血性贫血，或以动物狂躁不安为主的神经综合症，也可以引起牛的肺水肿或肺气肿，以及反刍动物瘤胃蠕动减弱、食欲减退或废绝、便秘等消化紊乱。

(4)菜籽饼(粕)中毒的预防

一是了解我国饲料卫生标准中规定的菜籽饼(粕)中异硫氰酸酯(ITC)及噁唑烷硫酮(OZT)的限量(表 2-2)。二是限量使用。菜籽饼(粕)可以不经去毒直接饲喂，但要控制用量。关于菜籽饼

(粕)饲用的安全限量,各国的规定量或推荐量出入很大。一般来说,高硫甙品种油菜的菜籽饼(粕)在饲粮中的安全限量为:蛋鸡、种鸡 5%,生长鸡、肉鸡 10%～15%,母猪、仔猪 5%,生长肥育猪 10%～15%。如果是经过去毒处理的菜籽饼(粕)或低毒油菜品种的菜籽饼(粕),在饲粮中的使用比例可以适当增加。三是与其他饼(粕)搭配使用,菜籽饼(粕)和其他饼(粕)(如葵籽饼、亚麻籽饼等)适当搭配使用,可有效地控制毒物含量且有利于营养的互补。菜籽饼(粕)、棉籽饼(粕)、豆饼(粕)以及其他饼(粕)之间的适当配合比例国内试验很多,可以根据具体情况参照使用。

表 2-2 菜籽饼(粕)中毒素的允许量 毫克/千克

饲料种类	ITC	OZT
菜籽饼(粕)	≤4 000	
鸡配合饲料	≤500	
生长肥育猪配合饲料	≤500	
肉用仔鸡及生长鸡配合饲料		≤1 000
产蛋鸡配合饲料		≤500

3. 大豆饼(粕)中的有毒成分

(1)大豆饼(粕)中的有毒物质

大豆饼(粕)中含有的毒素为胰蛋白酶抑制因子、皂角甙、脂氧化酶以及抗维生素因子。胰蛋白酶抑制因子本身为蛋白质或蛋白质的结合体,因此具有一般蛋白质的营养价值,但在其具有很高活性时,却能抑制某些酶对蛋白质的分解作用,从而降低机体对蛋白质的利用率。对动物的有害作用主要表现在抑制动物的生长和引起胰腺肥大。大豆皂角甙属三萜皂甙,其水溶液能使红细胞破裂,有溶血作用。大豆中的脂氧化酶促使饲粮中的不饱和脂肪酸产生过氧化物,此不稳定的过氧化物可使与其共存的维生素 A 和胡萝卜素氧化、破坏。

(2)加工工艺对大豆饼(粕)有毒成分含量的影响

生大豆中所含的各种有害物质,在炼油过程中将有很大一部分被灭活,残留于大豆饼(粕)中有害物质的含量受加工工艺的影响。目前大豆炼油加工工艺有压榨法、萃取法和预压萃取法等。不同工艺生产出的大豆饼(粕)及膨化大豆粉中有害成分含量有所不同,总的来说,以冷压和萃取工艺生产的大豆饼(粕)中毒素含量较多。而同一种加工工艺生产的大豆饼(粕)也会因其加工参数不同使毒素的含量有差异。以萃取加工工艺为例,其溶剂乙烷、蒸汽压、加工时间和大豆的品种均影响大豆粕中毒素的含量。总之,在大豆粕的生产过程中,萃取剂含量越多,蒸汽烘烤时间越长,所生产出的大豆饼(粕)中毒素就越低。

(3)大豆饼(粕)中有毒成分对动物的危害

胰蛋白酶抑制剂抑制动物肠道中蛋白酶对饲料蛋白质的水解作用,从而阻碍了动物对蛋白质的消化利用,导致动物生长减慢或停滞,蛋白效率比减小。在生产实践中,用生大豆饲喂雏鸡会引起胰腺肥大、生长减慢,饲料转化率显著下降。犊牛配合饲料中加入30%的生大豆粉时,血浆中维生素 A 和胡萝卜素的含量显著降低。当给乳牛饲喂多量生豆粕而不补充维生素 A 及胡萝卜素时,会降低维生素 A 的利用率,使牛乳中维生素 A 含量降低。皂甙对鱼等冷血动物显示很强毒性。

(4)大豆饼(粕)中有毒成分的控制与预防

一是热处理使蛋白酶抑制剂钝化。蛋白酶抑制剂大都是一些糖蛋白,受热后蛋白质发生变性使其失去生物活性。因此,生大豆经过热处理后,可以提高其营养价值。畜禽饲养实验表明,饲喂加热处理后的大豆,能提高蛋鸡的产蛋量和蛋重,还可显著提高生长猪的日增质量和饲料转化率。生大豆对反刍动物虽无不良影响,

但用加热处理过的大豆饲喂反刍动物时，也可提高其产奶量和生长率。但是蛋白酶抑制剂受热而被破坏的程度，因温度、加热时间、饲料颗粒大小和湿度等因素而不同。如果加热熟化过度，就会引起一些氨基酸的破坏，尤其是对赖氨酸、精氨酸和胱氨酸的破坏较大，还会引起蛋氨酸、异亮氨酸的消化率下降，进食量减少。如果熟化程度不够，大豆中一些抗营养因子，如胰蛋白酶抑制因子脂氧化酶等不能得到有效的破坏，严重影响其消化率，所以必须对其加热程度进行检测。一般是测定大豆制品中的脲酶活性来决定其加热熟化程度。国家标准规定的大豆饲料中脲酶活性的允许值见表 2-3。

表 2-3 大豆饲料中脲酶活性的允许值 活性单位/克

饲料种类	脲酶活性
饲用大豆	<0.4
大豆饼	<0.4
大豆粕	<0.4

二是根据动物对大豆饼（粕）的敏感强度和允许量，在允许量范围内，保证使用加工最适当、有害物含量少、营养成分损失小的饼（粕）饲喂畜禽。

（二）饲料中几种常见霉菌毒素

1. 黄曲霉毒素

（1）概述

黄曲霉毒素是黄曲霉和寄生曲霉的代谢产物，特曲霉也能产生黄曲霉毒素，但产量较少。在我国，黄曲霉是主要产生黄曲霉毒素的霉菌。通常在温度和相对湿度适宜的条件下，黄曲霉在 48 小时内即产生毒素。黄曲霉毒素是一类结构类似的化合物。黄曲霉毒素的基本结构都有二呋喃环和香豆素（氧杂萘邻酮），二呋喃环的 2、3 位间有双键者毒性较强，并具致癌性，如黄曲霉毒素 B_1、黄曲霉毒素 M_1 和黄曲霉毒素 G_1。饲料在自然条件下污染的黄曲霉毒素主要有 4 种，即黄曲霉毒素 B_1、黄曲霉毒素 G_1、黄曲霉毒素 B_2、黄曲霉毒素 G_2，其中以黄曲霉毒素 B_1 最多。在紫外线照射下，B 族黄曲霉毒素发出蓝紫色荧光。在食品卫生和饲料卫生检测中，一般以黄曲霉毒素 B_1 作为主要指标。

（2）污染情况

高温、高湿的气候条件有利于黄曲霉菌的生长和毒素的产生。黄曲霉通常在收割前就会侵染农作物，如果收割之后的环境条件适于黄曲霉菌生长，即湿度大于 85%，温度高于 25℃时，黄曲霉还会进一步增加，产生更多的黄曲霉毒素。花生、玉米、棉籽、葡萄干、开心果和干椰子肉等易受黄曲霉毒素污染，其中又以花生和玉米的加工食品和饲料最容易被污染。大豆及其他豆类、木薯、高粱、小米、小麦、燕麦、大麦和水稻一般情况下不会被黄曲霉毒素污染，但偶尔也会受到中度污染。农作物在收获前感染黄曲霉毒素的严重程度和当时的环境条件密切相关，环境温度和湿度也严重影响产毒霉菌间的相互竞争。一般而言，平均气温高于正常年份而降雨量低于正常年份时，易发生黄曲霉污染。农作物收获后的黄曲霉菌污染通常有多个来源，大量的植物性原料（如田间的植物碎片）和土壤经常存在黄曲霉菌，因此通过接触土壤或植物碎片，谷物就会被这些黄曲霉菌感染。田间已经受到感染的作物种子在储藏过程中也可传播黄曲霉菌。影响黄曲霉毒素感染储藏谷物的主要因素有水活度（指产品的水蒸气压和纯水蒸气压的比值）、地层通风、温度、湿度和霉菌接种体的浓度等。

(3)危害

黄曲霉毒素在体内代谢的同时也进行着损害机体的生化过程。黄曲霉毒素的作用主要是抑制DNA、RNA以及蛋白质的合成。而且黄曲霉毒素中毒是人畜共患疾病之一。黄曲霉毒素的靶器官为肝脏,发病以全身性出血、消化机能障碍和神经症状等为特征。动物最初中毒表现为降低生产效率、减少牛奶的产量、导致胚胎死亡、先天性缺陷、肿瘤以及抑制免疫系统。现认为在各种霉菌毒素中,黄曲霉毒素是毒性最强、危害最大的,其中危害最大、毒性最强的是黄曲霉毒素 B_1,其毒性是砒霜的68倍、氰化钾的10倍。黄曲霉毒素 B_1 可使火鸡、肉鸡、猪、小白鼠、豚鼠及家兔等动物发生免疫抑制。此外,黄曲霉毒素是目前发现的致癌性最强的致癌物。鸭雏对黄曲霉毒素的敏感较高,中毒多为急性。临床症状为食欲丧失、脱羽、鸣叫、脚趾发紫、步态不稳和共济失调,伴发严重跛行。多数病鸭雏发生颈肌痉挛,在角弓反张发作中死亡。死亡率极高,可达80%~90%。

2.玉米赤霉烯酮

(1)概述

玉米赤霉烯酮是一类2,4-羟基苯甲酸内酯化合物,具有类雌激素作用。纯的赤霉烯酮不溶于水、二硫化碳,溶于碱性水溶液、乙醚、苯、氯仿、二氯甲烷、醋酸乙酯、乙腈和乙醇,微溶于石油醚。在紫外线照射下呈蓝绿色。

(2)污染情况

霉菌毒素的污染通常是一个具有连续效应的过程,开始于田间,随后在收获、干燥和储藏过程中逐渐增加。一般按生活习性把霉菌分为储藏霉菌和田间霉菌两大类。储藏霉菌主要是指储存的饲料或原料在适宜的温度、湿度等条件下生长的霉菌,以曲霉菌为主。该类霉菌生长温度为25～30℃，相对湿度为80%～90%。但在温暖、潮湿的亚热带或热带气候下，曲霉菌也能够感染田间的植物种子。在温带气候条件下，霉菌主要是储藏霉菌。但在我国南方，玉米在收割前更易感染霉菌。有些菌株在完成生长后需经过低温（<12℃）阶段才能产生玉米赤霉烯酮，而有些菌株在常温下就能产生玉米赤霉烯酮。

（3）危害

玉米赤霉烯酮可使畜禽及啮齿类动物发生雌激素亢进症。本病主要发生于猪，尤其是仔猪（3～5月龄）较为敏感，牛羊等反刍动物也有发生。猪中毒时，除出现拒食和呕吐综合症以外，由于毒素通过肾脏排泄，可使阴道黏膜呈现毒素性刺激反应，阴道与外阴黏膜充血，肿胀，分泌黏液中混杂血液，有的因尿道口肿胀导致排尿困难等，通常误称其为外阴阴道炎，实际上它是由致病性或腐生细菌感染而引起的继发性炎症。母猪乳房隆起，哺乳母猪泌乳减少，甚至无乳。严重病例中阴道垂脱的约占40%，子宫垂脱的占5%～10%，还有的出现直肠垂脱。更为多见的是发生早产、流产、胎儿吸收、死胎或木乃伊化胎儿。也常出现窝产仔头数减少、仔猪虚弱、后肢外展（八字腿）、免疫力降低等。公猪和去势公猪一旦发生中毒，呈现雌性化，如乳腺肿大。牛发生中毒时多呈现兴奋不安、敏感和假发情等。

3.赭曲霉毒素

（1）概述

赭曲霉毒素主要由赭曲霉及鲜绿青霉产生，硫色曲霉及蜂蜜曲霉等也可产生这种毒素。饲料中玉米、大麦、黑麦、燕麦、高粱和豆类等以及米糠、麸皮都可受赭曲霉的污染并产生毒素。赭曲霉毒素包括7种结构类似的化合物，其中赭曲霉毒素A毒性最大，

在紫外线下产生绿色荧光。赭曲霉毒素A比较耐热，普通加工调制温度仅可使20%左右的毒素破坏，150～160℃才可完全破坏。

(2)污染情况

赭曲霉既可在田间感染，亦可在仓储低温下繁殖。最适生长温度为5～25℃，阴冷潮湿的低温环境有利于赭曲霉的生长。玉米、小麦、高粱、水稻、葡萄酒、啤酒和生咖啡较易受到赭曲霉毒素A的污染。苹果汁和葡萄汁中常含有赭曲霉毒素A。咖啡、玉米、葡萄、干果和小麦中的赭曲霉毒素A含量一般小于500微克/千克。

(3)危害

在自然污染的饲料中，赭曲霉毒素A的检出量最高且毒性最大，主要侵害畜禽的肝脏和肾脏，导致肝组织透明变性和灶状坏死，肝细胞液化，形成空泡；肾脏实质坏死，肾小管上皮细胞玻璃样退行性变性，从而引起严重的全身机能病理变化。临床症状为多尿和消化机能紊乱。鸡雏和肉用仔鸡的赭曲霉毒素中毒主要表现为精神不振，营养不良，消瘦，生长发育缓慢，体质虚弱，可视黏膜淡染或充血，食欲大减而饮欲增强，出现卡他性肠炎症状，外周反射机能丧失，站立不稳，共济失调，多取蹲坐姿势，腿和颈肌呈阵发性纤维性震颤，虚脱而死亡，死亡率较高。尿液检验可见尿蛋白阳性，尿酸升高。猪的赭曲霉毒素中毒常呈现地方流行性，主要表现以肾功能障碍为主的症状，而且极易被忽视。

4.饲料的防霉去毒

(1)防霉

从原料生产到配合饲料被动物食入这个过程，要经过田间生长、收获、加工、运输和储藏等过程，每个环节都有污染霉菌的可能性。为了防止饲料及产品免受霉菌的污染，要使各个环节协同作用。

一是选育抗霉的作物品种。农作物的抗霉能力与遗传因素有关，培育和选育抗霉的作物品种也是一项经济、实用的防霉措施，如培育抗黄曲霉污染的玉米。

二是采用适当的种植和收获技术。据统计，从花生上分离到的黄曲霉有80%～90%能产毒，远远高于从其他作物上分离到的黄曲霉；连续种植花生的田里产的花生，黄曲霉污染率高，黄曲霉毒素的含量也高；这就启示我们采用轮作等种植技术和适当的收获方法尽可能降低霉菌和霉菌毒素的污染。

三是严格控制饲料的水分含量。许多饲料都是霉菌生长的良好基质。如果原料含水量过高，空气相对湿度又高，就为霉菌生长或霉菌毒素的形成提供了充分的条件。因此，严格控制饲料及其原料的水分标准至关重要，是防霉的关键措施之一。一般谷物的含水量在13%以下，玉米在12.5%以下，花生仁在8%以下。

四是改善储藏条件。适当的储藏条件可以减少霉菌的污染和霉菌毒素的形成。常用的方法有改进仓库结构和卫生状况，降低水分，降低温度，降低氧浓度等。

五是惰性气体保存法。大多数霉菌是需氧性的，因此粮谷类在充有氮气或二氧化碳等惰性气体的密闭空间可保持数月不发生霉变。同时此法还有防虫作用，是一种很有前途的防霉措施。

六是用防霉剂抑制霉菌生长。目前常用的防霉剂主要是有机酸类或其盐类，如以丙酸盐为主要成分，再加入一些挥发性有机酸配合而成。也可以用天然植物（香料）做成防霉剂。

（2）去毒

饲料污染霉菌毒素后，应设法将毒素破坏或除去。方法一是剔除霉粒法。毒素在粮食子粒中的分布很不均匀，主要集中

在霉坏、破损、变色及虫蛀的粮粒中，如将这些粮粒挑选除去，便可使毒素含量大为降低。二是碾轧加工法。霉菌污染粮粒的部位主要在种子的皮层和胚部，因此通过碾轧加工，除糠去胚，就可减少部分毒素。但是这种糠麸不可做饲料用。三是水洗法。用清水反复浸泡漂洗，可以除去水溶性毒素。有些霉菌毒素虽难溶于水，但因毒素多存在于表皮层，反复加水淘洗也可除去大部分毒素。四是吸附法。白陶土、活性炭等吸附剂能吸附霉菌毒素。例如用白陶土吸附可将植物油中的黄曲霉毒素吸附除去。在雏鸡和猪饲料中添加0.5%的水合硅铝酸钠钙，能吸附黄曲霉毒素。五是微生物法，即首先筛选所需要的微生物，利用其生物转化作用使霉菌毒素破坏或转变为低毒物质。例如，近年来发现无根霉、米根霉、橙色黄杆菌和亮菌等对除去粮食中的黄曲霉毒素有较好的效果。

我国饲料卫生标准中规定的饲料的霉菌总数及黄曲霉毒素 B_1 的允许量，如表 2-4 和表 2-5 所示。

表 2-4 饲料中霉菌总数的允许量 10^3 个/克

产品名称	霉菌总数允许量
玉米 、小麦麸、米糠	<40
豆饼(粕)、棉籽饼(粕)、菜籽饼(粕)	<50
鱼粉、肉骨粉	<20
鸭配合饲料	<35
猪、鸡配合饲料	<45
猪、鸡浓缩饲料	<45
奶、肉牛精料补充料	<45

表 2-5 饲料中黄曲霉毒素 B_1 的允许量 微克/千克

产品名称	黄曲霉毒素 B_1 允许量
玉米、花生饼(粕)、棉籽饼(粕)、菜籽饼(粕)	≤50
豆粕	≤30
仔猪配合饲料及浓缩饲料	≤10
生长肥育猪、种猪配合饲料及浓缩饲料	≤20
肉用仔鸡前期、雏鸡配合饲料及浓缩饲料	≤10
肉用仔鸡后期、生长鸡、产蛋鸡配合饲料及浓缩饲料	≤20
肉用仔鸭前期、雏鸭配合饲料及浓缩饲料	≤10
肉用仔鸭后期、生长鸭、产蛋鸭配合饲料及浓缩饲料	≤15
鹌鹑配合饲料及浓缩饲料	≤20
奶牛精料补充料	≤10
肉牛精料补充料	≤50

(三)饲料中常见的有害重金属元素

1. 铅

(1)铅对动物的危害

一是损害神经系统,主要是使大脑皮层的兴奋和抑制过程发生紊乱,从而出现皮层—内脏调节障碍,表现为神经衰弱症候群及中毒性多发性神经炎,重者可出现铅中毒性脑病。二是损害造血系统。铅能抑制血红蛋白的合成,并兼有溶血作用。因此,铅中毒时可出现贫血。慢性铅中毒时,还可抑制凝血酶的活性从而影响血凝过程。三是危害肾脏。肾脏是排泄铅的主要器官,接触的铅

较多，会引起肾小管上皮细胞变性、坏死，出现中毒性肾病。四是损害机体免疫系统的功能，使抗体的产生明显减少。

由饲料引起的铅中毒多为慢性过程，表现为消化紊乱和神经症状，如厌食、便秘，有时便秘与腹泻交替出现，腹痛，呆滞，四肢疼痛，共济失调，消瘦，贫血等。

(2)饲料中铅的来源

植物饲料中铅含量与土壤中铅的水平和工业污染有关，一般情况下植物饲料中铅含量都较低，为 0.2～3 毫克/千克。植物是通过根系吸收土壤中的铅，且主要累积在根部，只有少数转移到地上部分，酸性土壤可提高铅的溶解度，因而使其中生长的植物饲料含铅量增高。在富含铅土壤上生长的饲料含铅量较高。含铅的工业“三废”和采矿废弃物直接污染农作物及牧草。如正常牧草中含铅量一般为 3～7 毫克/千克，而冶炼厂附近牧草中含铅量可达 325 毫克/千克。某些矿物饲料及鱼粉中往往含有较高水平的铅。石粉、磷酸氢钙等矿物饲料由于产地不同，铅含量变化很大(几至几百毫克/千克)。骨粉及肉骨粉也可能含较多的铅，因为动物身体中的铅主要沉积部位是骨骼。海水污染是造成鱼粉含铅量高的主要原因。另外，饲料加工机械、管道、容器等所使用的材质如果含铅，在酸性条件下会溶出铅，如果有酸性饲料原料与之接触，也可使铅溶出并污染饲料。

(3)预防

一是了解饲料卫生标准的有关内容。我国饲料卫生标准中规定的铅的允许量见表 2-6。二是对使用铅的工厂“三废”排放进行积极有效的控制、监测。三是继续大力提倡或采用一定手段积极推广使用无铅汽油。四是应尽量防止受铅污染的土壤酸化，以降低土壤中铅的活性，减少植物对铅的吸收。五是对可疑饲料原料及添加剂进行严格有效的监测、监督管理。

表 2-6 饲料中铅的允许量 毫克/千克

产品名称	铅含量(以 Pb 计)
鸡、鸭、猪配合饲料	≤5
鱼粉、石粉、肉骨粉	≤10
磷酸盐	≤30
产蛋鸡、肉用仔鸡浓缩饲料	≤13
仔猪、生长肥育猪浓缩饲料	≤13
奶牛、肉牛精料补充料	≤8
产蛋鸡、肉用仔鸡复合预混合饲料	≤40
仔猪、生长肥育猪复合预混合饲料	≤40

2.砷

(1)砷对动物的危害

砷是一种全身组织的毒物,通过与组织酶的巯基结合并使之灭活而产生毒性。三价砷制剂的毒性最大,因为它们对于这些巯基有较大的亲和力。砷引起的细胞代谢障碍首先危及最敏感的神经细胞,出现一系列神经症状如神经衰弱症候群及多发性神经炎等。砷直接损害毛细血管,导致脏器出血、损害。砷作为致畸物,在细胞 DNA 复制过程中从 DNA 链上取代磷酸盐而致染色体畸变,并可抑制 DNA 正常的修复过程。慢性砷中毒还伴随着致癌作用,可引发皮肤癌。通过饲料长期少量摄入砷,主要引起慢性中毒。慢性砷中毒进展缓慢,开始不易察觉,主要表现为神经系统和消化机能衰弱和紊乱,精神沉郁,皮肤痛觉和触觉减退,四肢肌肉软弱无力和麻痹,消瘦,被毛粗乱无光泽,脱毛或脱蹄,食欲不振,消化不良,腹痛,持续性下痢,母猪不孕或流产。特别需要注意的是对动物食品的影响,作为饲料添加剂的砷制剂,虽然饲料中添加的是在安全剂量范围内,但动物采食饲料的方式主要是自由采食,极易出现砷的过量积累,从而造成动物蓄积性中毒,进而对动物产

品的安全产生威胁。这种威胁不是肉眼可见的，因为砷元素在动物体内一定范围内的超标常常不影响动物自身的健康，且有促生长作用。但如果人类长期食用这些动物产品，就有可能在人体内蓄积达到危险浓度，最终危害人体健康。

(2)饲料中砷的来源

植物饲料中的含砷量在通常情况下很低。主要饲料原料玉米、豆饼(粕)、麦麸、棉籽饼、菜籽饼(粕)、干牧草等含砷量一般在0.07～1.5毫克/千克。但植物可从污染的土壤中吸收砷，喷施到叶片上的含砷农药也可被叶吸收，并从叶鞘向根、茎和其他叶片转移。从土壤中吸收的砷主要集中在根和茎叶等生长旺盛的部位，向种子转移的较少。因此对于植物性饲料，主要受土壤和杀虫剂中含砷量影响；水生生物体内的砷含量较高，因为其有极高的浓集作用，特别是海洋生物对砷有很大的浓集能力，因此用含砷高的海产品做动物饲料时，一定要注意其中砷的含量；饲料添加剂或加工辅助剂中的砷过高，目前所用的饲料添加剂阿散酸(对氨基苯砷酸)、洛克沙生(3-硝基-4-羟基苯砷酸)等有机砷制剂，虽然有促进动物生长、促进红细胞及血色素增加和改善畜产品颜色的作用，但如果添加不当可使饲料中砷的含量增加。另外，饲料加工中使用的一些载体如沸石，如果来源的矿物含较高的砷化物，则饲料中的砷含量也会增加。

(3)预防

一是了解饲料卫生标准中有关内容。我国饲料卫生标准中规定的饲料中砷的允许量见表2-7。二是对工矿企业的“三废”排放进行积极有效的控制、监测。三是在土壤中施用各种铁、铝、钙、镁的化合物，使砷生成不溶性物质而加以固定，从而减少植物从土壤中吸收砷。四是合理利用含砷农药，尤其应注意含砷农药的使用量和收获前的安全间隔期，以减少含砷农药在作物体内的残留。五是慎用砷制剂，避免动物产品中及土壤水源中砷的蓄积。

表 2-7 饲料中砷的允许量 毫克/千克

产品名称	砷含量(以总砷计)
鱼粉、肉骨粉、氧化锌、沸石粉	≤10.0
石粉、硫酸亚铁、硫酸镁	≤2.0
磷酸盐	≤20.0
硫酸铜、硫酸锰、硫酸锌、碘化钾、氯化钴	≤5.0
家禽、猪配合饲料	≤2.0
牛、羊精料补充料	≤10.0
猪、家禽浓缩饲料	≤10.0
猪、家禽添加剂预混合饲料	≤10.0

3.汞

(1)汞对动物的危害

汞对动物的毒性很大,家畜、家禽都对汞很敏感,而且汞自肠和肾的排泄很慢,故它是一种蓄积性毒,在畜产品中也有汞的危害。汞对畜禽危害的病理作用是引起消化道黏膜发炎和肾脏的损伤,在临床上表现为胃肠炎,最终出现尿毒症。摄食了大量无机汞的急性胃肠炎,其呕吐物带血并有剧烈腹泻,由于休克和脱水,动物于数小时内死亡。在病程不很急的病例,胃肠炎同时伴随流涎、呼出臭气和厌食,动物可存活数日,尿过少,心率和呼吸增快,某些病例表现为后躯麻痹,最后阶段发生惊厥。而慢性中毒是最常见的动物受危害的形式,它发生于长期摄食小量汞时,表现为沉郁、厌食、消瘦、僵硬呆板的步态,最后可发展为轻瘫。

(2)饲料中汞的来源

自然状态下的植物只含痕量的汞,不会导致动物汞中毒。而含汞的农药却很多,例如升汞、赛力散、西力生、碘胺苯汞等在

农业上作为杀虫剂、杀菌剂、防腐剂使用，因此施用含汞农药或含汞农药拌种可使农作物含汞量增加。我国曾出现因大田作物施用有机汞农药发生农作物含汞量升高并引起中毒的事例。用含汞废水浇灌农田也可使农作物含汞量增加。植物性饲料中汞的危险性主要来源于含汞农药污染的饲草、饮水和饲料。由于汞在动物体内排出十分缓慢，有积累效果，主要蓄积于肾和肝中，肌肉、血液中也有分布，因此在工业污染较为严重地区的动物特别是鱼、贝类体内会蓄积高浓度的汞，其制成的动物类饲料中汞的含量也就高。自然界的岩石、矿物原始土壤中一般含有微量的汞，但工业污染区或某些特殊地区的矿石生产的矿物质饲料如石粉、磷酸盐等含有较多的汞，用这些原料配制成的饲料中汞的含量也会超标。

(3)预防

一是了解饲料卫生标准的有关内容，我国饲料卫生标准中规定的汞允许量见表2-8。二是禁止使用含汞的农用化学物质如西力生、赛力散等含汞农药。三是严格控制工业"三废"中汞的排放，对农田进行污水灌溉和施用污泥、废渣时应加强汞的检测，严格执行防治污染的管理制度。对于已受到污染的农田，要适当多施用有机肥料，以降低汞的活性。施用氮肥时，最好用硫酸铵肥料，以利于生成硫化汞而固定于土壤中。四是加强饲料及原料的监测，杜绝含汞饲料进入市场。

表2-8 饲料中汞的允许量 毫克/千克

产品名称	汞含量(以Hg计)
鱼粉	≤0.5
石粉	≤0.1
鸡配合饲料、猪配合饲料	≤0.1

4.铬

(1)对动物的危害

铬是动物体内必需的微量元素,它在体内参与糖和脂肪的代谢,促进动物的生长发育,与镁协同可促进糖类转化。铬还具有阻止胆固醇在动脉管壁沉积的作用。但当饲料中含量过高时就会引起动物中毒。动物体内存在的铬主要是三价铬,而六价铬对动物危害较大,三价铬与六价铬可在体内转化。一般认为铬吸收后可影响体内氧化、还原、水解过程,并可使蛋白质变性,使核酸、核蛋白沉淀,干扰酶系统。六价铬可透过红细胞膜进入红细胞,在六价铬还原为三价铬的过程中,谷胱甘肽还原酶的活性受抑制,可使血红蛋白变为高铁血红蛋白,引起缺氧现象。由于饲料中天然铬含量一般不高,家畜长期摄入过量铬引起慢性中毒的病例很少。如果摄入大量铬造成动物急性中毒,主要表现为胃肠道刺激症状,如呕吐、流涎、心跳加快,并可引起动物肝、肾损害。鸡中毒后表现为无特征性的生产水平下降,严重时大批死亡。

(2)饲料中铬的可能来源

铬对饲料的污染主要是由于用含铬废水浇灌农田,使被浇灌的农田土壤累积多量的铬。植物性饲料中的铬是通过根从土壤或通过叶摄取的。但铬在植物中的迁移能力很弱,因此绝大部分铬积累在根中,其次是茎叶,而籽粒中积累很少。动物性饲料中由于动物组织有铬的富集作用,其铬含量相应较高,特别是铬污染区域所生产的饲料铬的含量往往较高,最常见的是鱼粉。由于饲料资源的广泛开发,有些地方用制革工业的废弃物——革渣作为饲料原料。制革工艺中若采用铬鞣法,则革渣中就含有大量的铬化物,用这种革渣作为原料(皮革蛋白),可能造成饲料的铬污染。

(3)预防

一是了解饲料卫生标准的有关内容,我国饲料卫生标准中规

定的铬允许量如表 2-9 所示。二是采用皮革渣做饲料原料时，应对革渣及革渣蛋白粉进行严格有效的检验和监督管理。三是长期用含铬废水浇灌的地区，可施用土壤改良剂如石灰、石灰石、硅酸钙、磷肥等，以调节土壤使其呈微碱性，减少铬的活性，使铬形成 $Cr(OH)_3$ 状态而固定在土壤中，以减少作物对铬的吸收。

表 2-9 饲料中铬的允许量 毫克/千克

产品名称	铬含量(以 Cr 计)
皮革蛋白粉	≤200
鸡、猪配合饲料	≤10

5. 镉

(1)镉对动物的危害

镉是对畜禽生长有害的金属元素。镉可经消化道、呼吸道及皮肤吸收。被吸收的镉首先进入肝脏，促进肝中硫蛋白合成，同时与硫蛋白结合的锌相置换。血浆中的镉多与高分子蛋白结合；红细胞内的镉一部分与血红蛋白结合，另一部分与硫蛋白结合；血液中的镉可分布于动物体所有脏器，1/3～1/2 的镉蓄积于肝和肾中。镉的生物半衰期特别长，故有蓄积作用。一般认为，游离的镉不起毒性危害，只有当镉与硫蛋白结合时才有毒性作用。其毒性为，镉不仅能干扰铜、锌和钴的代谢，而且直接抑制某些酶系统，特别是需要锌等微量元素激活的酶系统。由于镉与巯基、羧基、羟基等结合，其亲和力比锌大，因此体内一些含锌酶中的锌被镉所取代，从而丧失其固有的功能，导致中毒症状。急性镉中毒在动物中极少见。慢性镉中毒是因为动物长期吸入低浓度的镉或采食被镉污染的饲草和饮水所致。病畜食欲减退，营养不良，消瘦，贫血，发育停滞，被毛粗乱、无光泽。由于镉蓄积在肾小管，使肾小管上皮细胞发生变性或坏死，因此在尿中出现低分子蛋白和糖类等。肺的主要变化为慢性肺泡气肿。骨骼的主要变化为骨质疏松、脱钙和骨质软化，多发生于肋骨、四肢骨、尾椎骨和骨盆等。肋骨与肋软骨结合部肿胀、疼痛，运动失调，常见动物摔倒或滑倒；尾椎骨排列移位、变软，甚至椎体萎缩；骨盆骨变形，严重者发生难产。

(2)饲料中镉的可能来源

正常情况下，饲料中含镉量很少，不会给动物带来危害。工业污染区的饲料是带来镉危害的主要途径。镉在工业上用途很广，主要用于电镀、制造合金、焊料、颜料、电池、电学测量用具和半导体元件等，有些镉化合物也可做农药及医药。环境中镉污染主要来源于含镉工业废水及含镉烟气。排放含镉工业"三废"的有铅锌矿、有色金属冶炼、电镀、塑料、油漆、半导体、航空、航海等工矿企业和行业。含镉废水、废气先污染水体，进而污染土壤，含镉的废渣可直接污染土壤。土壤对镉有较强的吸附力，特别是黏土和有机质多的土壤吸附镉的能力更强，容易造成镉的积聚，因此工业"三废"的排放以及施用磷肥、污泥等都会使土壤中蓄积相当数量的镉，在污染土壤中生长的植物性饲料就可吸收和蓄积镉。另外镉常与锌矿伴生，加工不完全的含锌矿物质饲料原料可能含有高浓度的镉，由此导致添加剂预混合饲料及配合饲料中镉含量超标。还有在配合饲料生产过程中，使用表面镀镉处理的饲料加工设备、器皿时，因酸性饲料将镉溶出，也可造成饲料的镉污染。

(3)预防

一是了解饲料卫生标准的有关内容，我国饲料卫生标准中规定的镉的允许量如表 2-10 所示。二是定期对用镉工业附近的地面水、大田作物含镉量进行监督检查。三是对可疑饲料中的镉含量作定期检测或追查。

表 2-10 饲料中镉的允许量 毫克/千克

产品名称	镉含量(以 Cd 计)
米糠	≤1.0
鱼粉	≤2.0
石粉	≤0.75
鸡配合饲料、猪配合饲料	≤0.5

(四)饲料中的工业污染

饲料中的工业污染应包括重金属、农药和其他农业化学品的残留,重金属可能来自采矿、冶金等工业的直接污染,后二者是工业产品应用后的污染,但通常人们指的工业污染物主要是煤炭、石油、木材或塑料等有机高分子化合物不完全燃烧生成的多环芳烃、多氯联苯和二噁英。

1. 多环芳烃与多氯联苯

(1)多环芳烃

多环芳烃是指含有多个苯环的苯并化合物。饲料中的多环芳烃可能直接来源于石油化工、冶炼、焦化和火力发电等行业,以及焚烧废弃物、车船废气等,也可能来源于这些污染对大气、水质和土壤的间接污染,或是受污染的饲料原料。已知污染环境的多环芳烃有一二百种,对人与动物的主要危害是致癌。致癌的多环芳烃已发现 20 多种,其中最具代表性、研究最多、污染最广、致癌力最强的是苯并芘或称 3,4-苯并芘,经饲料进入动物体内会被肠道吸收,而后进入血液分布全身。苯并芘除了危及动物健康外,还可能通过畜产品危害人类,与皮肤癌、肺癌和胃癌均有很大关系。世界卫生组织规定畜产品中苯并芘的最高残留量为 5 微克/千克。

(2)多氯联苯

多氯联苯是苯环上有多个氢原子被氯取代的联苯，曾广泛地用于有机稀释剂、增塑剂、农药助剂、阻燃剂、切割用润滑油和变压器绝缘等。除了工业多氯联苯生产、应用造成的直接污染外，含氯有机化合物燃烧也会产生多氯联苯。多氯联苯沸点高，化学稳定性好，因此长时间不能降解、破坏，只能累积或通过食物链富集，因此已成为世界性污染问题。多氯联苯有200多种同系物，根据含氯的多少和在苯环上的位置不同而毒性不同。动物多氯联苯中毒可表现在消化系统，如厌食、腹泻、胃溃疡、便血、肝肿大和脂肪肝等；也可表现在神经系统和生殖系统，如精神委靡、运动神经传导受阻、运动机能受损和出现惊厥，或丧失生殖能力等。

2.二噁英

(1)二噁英的成分及毒性

二噁英是多氯苯碳氢化合物，它包括多氯二苯对二噁英、双酚化合物、二苯呋喃以及有关的同系化合物。2,3,4,8-四氯二苯对二噁英(TCDD,Dioxin，即我国报道发现来自欧洲的二噁英)是其中生物活性最大、毒性最厉害的一种。它的毒性比氰化钾高50～100倍。1997年，世界卫生组织国际癌症研究中心把它从致癌名单的二级致癌物提升为一级致癌物。国际机构对人体摄入二噁英的量规定得非常严格。如德国规定，每100万吨牛奶中只允许有5克二噁英存在，超过就有潜在危险。

(2)二噁英的主要毒害作用

二噁英能引发肿瘤，对免疫、肝功能和皮肤具有毒害作用，影响生育，导致内分泌紊乱。其作用机理是诱发酶变，特别明显作用于微粒体细胞色素P4501A1及其相关的单氧酶、芳香化合物羟化酶。P4501A1同工酶负责激发新陈代谢，消解多环芳香族有机化合物——这些都是致癌物质。

(3)二噁英的可能来源

焚烧垃圾、纸张，纸浆漂白，含氯催化剂汽油不完全燃烧等均可能产生二噁英。二噁英进入人体，90%是“吃”进来的，因为二噁英特别稳定，在环境中难以降解，进入生物体后很难排出来，在体内蓄积，越来越多，并随着食物链的加长而累积。

(4)二噁英的治理

为减少垃圾污染，不少地方正兴起一股垃圾焚烧热，但若处理不当造成二次污染，同样容易出现令人头痛的二噁英。二噁英的温床——炉排型垃圾直接焚烧炉应进行严格管理乃至关闭，小型炉排型直接焚烧炉的炉温一般为 850～1 000℃，这使得焚烧时产生的二噁英难以完全分解，因此对垃圾焚烧的管理是杜绝二噁英污染的主要途径。另外还应防止疫区被污染畜产品进入，切断污染途径。

(五)饲料中的违禁药物

1.肾上腺素受体激动剂(兴奋剂类)

(1)盐酸克伦特罗

盐酸克伦特罗俗称“瘦肉精”，英文名 Clenbuteral(CLB)，化学名羟甲叔丁肾上腺素，分子式 $C_{12}H_{19}C_{13}N_2O$，为白色或类白色的结晶粉末，无臭，味苦，熔点 161℃，溶于水、乙醇，微溶于丙酮，不溶于乙醚。其化学性质十分稳定，加热至 172℃时才分解。

盐酸克伦特罗是由美国 Cyanamid 公司经化学合成而制得的一种呼吸系统药物，临床用于治疗哮喘病。20 世纪 80 年代初研究发现，将一定量的盐酸克伦特罗添加到饲料中，可以显著促进动物生长，提高瘦肉率。90 年代，我国开始作为饲料添加剂引入并推广。但一连串因食用含“瘦肉精”的食物的中毒事件发生后，盐酸克伦特罗成为世界上普遍禁用的添加剂。1997 年以来，我国农业部等相关部门多次发文，禁止生产和使用。含该药的猪肉经过 126℃油煎 5 分钟只能破坏一半的残留药。该药在体内吸收快，一般情况 20 微克就可使人或动物出现症状，人或动物食用后 15～20 分钟即有反应，2～3 小时后血浆浓度达到峰值，作用时间持久。若人经常食用添加“瘦肉精”饲料所饲养动物的肉产品，该类药物进入人体并积累，达到一定量时会使人出现血压增高、心跳加快、气喘、多汗、手足颤抖、摇头等症状，俗称“抖抖病”。20 世纪 90 年代以来，已在多个国家陆续有数百人发病的报道。

(2)莱克多巴胺

莱克多巴胺(Ractopamine)同盐酸克伦特罗、西马特罗、沙丁胺醇等相似，也属于苯乙醇胺类化合物，是治疗哮喘的药物，是受体激动剂，因而在营养学上也具有抑制脂肪合成、促进脂肪分解、增加蛋白合成、减少蛋白降解、促进生长、改善胴体品质和提高饲料的利用效率等作用。目前，被作为饲料添加剂使用，来替代禁用的其他兴奋剂，商品名为舒喘灵。生产上一般用其盐酸盐。

很多实验证明了莱克多巴胺具有生长促进剂和营养重分配剂的作用。有研究表明：日粮中添加 5～20 毫克/千克莱克多巴胺就可以促进生长，增加瘦肉率。肉用猪日粮中添加 20 毫克/千克的莱克多巴胺，可以使肉猪提前 4 天达到上市体重，与对照组相比有更高的瘦肉率和饲料报酬(据 D. E. Moody 等)。1999 年，美国专家对盐酸莱克多巴胺的 4 个立体异构体在大鼠的生长、蛋沉积和胴体组成上的影响进行了详细的论述。他们的实验表明：莱克多巴胺确实增加了大鼠的进食量、体重、胴体蛋白，减少了胴体脂肪和内脏脂肪。

国内也有人对莱克多巴胺的生理作用、促生长作用进行了研究。陈洪亮等研究了在 18%和 13.5%两种饲粮蛋白水平下莱克多巴胺对肥育猪生长性能、胴体品质的影响，结果发现：①饲粮中

添加 20 毫克/千克时，高蛋白组日粮比低蛋白组日粮使肥育猪平均日增重增加值和料重比下降值显著。②在两种蛋白水平下，均显著改变了猪的胴体组成，使胴体瘦肉率分别提高 5.46%和 6.34%。③莱克多巴胺对不同骨骼肌具有不同作用效果。④莱克多巴胺对背最长肌、大理石纹、色泽、系水力、pH 值等肉质指标无显著影响。⑤莱克多巴胺也影响肥育猪的钙、磷代谢。

由于莱克多巴胺具有营养重分配剂的功能，同时还能促进生长，提高饲料利用率，增加经济效益，所以，有些国家允许其在合理的使用范围内作为饲料添加剂使用(如美国)。但欧盟禁止该药物作为生长促进剂应用，我国也禁止其作为添加剂使用，然而，由于经济利益的驱使，生产上仍存在着非法滥用的现象。

(3)西马特罗

西马特罗属于兴奋剂类药物，化学名为异丙氨基-1-(4-氨基-3-氰基苯)乙醇。根据文献报道，这种药物能有效地将饲料中的能量传递给动物体内的肌肉组织，提高肌肉的含量，减少体内脂肪，提高饲料转化率，促进动物生长。但这种药物有很大的副作用，如果动物食用了添加兴奋剂的饲料，能在内脏和组织内蓄积和残留，人食用了含有这些残留药物的动物肉类会产生严重的副作用。

2.同化性激素类

同化性激素是指具性激素样活性的同化剂，根据其化学结构和来源可为：①内源性性激素，包括孕酮、睾酮和雌二醇等。②非天然类固醇化合物，包括丙酸睾酮、苯甲酸雌二醇、甲烯雌醇和醋酸群勃龙。③非天然非类固醇化合物，包括玉米赤霉醇、己烯雌酚和己烷雌酚等。性激素除用于治疗动物性激素缺乏症和同步发情外，早先还用于食品动物的催肥。如 20 世纪 50 年代中期，美国和英国率先采用己烯雌酚和己烷雌酚作为肉牛饲料添加剂或植入物，且数量逐年增加。经激素处理过的动物，日增重一般可提高

10%～20%。但目前都已禁用。在我国常见的是己烯雌酚。

己烯雌酚(Diethylstibestrol)别名人造求偶素，化学名(E)-4，4′-(1，2-二乙基-1，2-亚乙烯基)双苯酚，分子式 $C_{18}H_{20}O_2$，相对分子质量为268.36。在乙醇、乙醚或脂肪油中溶解，在氯仿中微溶，在水中几乎不溶，在稀氢氧化钠溶液中溶解。其中性或碱性水溶液放置2周后会变黄而失效。己烯雌酚是一种雌激素，为国家禁止在饲料中使用的药物。

饲料中长期添加或埋植了己烯雌酚等雌激素类药物后，小母牛的爬跨行为增多，乳房增大，卵巢功能受损；成年母畜的乳腺、子宫颈、卵巢、阴道等器官的癌变发病率增加；妊娠母畜可能引起流产、产后阴道脱落、卵巢囊肿、卵巢发育不全等症状；公畜可引起雌性化。并可能引起其他组织病变，如母畜的肾脏、肝脏等癌变率增加，犬出现各种类型的贫血症状。此外，己烯雌酚可减少多种维生素的吸收和利用，使血液中的维生素 B_6、维生素 B_{12}、维生素C和叶酸含量下降；使水钠潴留而升高血压，与降压药有拮抗作用。

人食入残留有己烯雌酚的动物组织会抑制垂体促性腺激素的分泌，导致性激素分泌失调、胎儿畸形、女婴性早熟、男性女性化。长期摄入己烯雌酚将导致肝、肾损害，使哮喘的发病率明显上升，促使胆汁中的胆固醇饱和而形成结石，并诱发胰腺炎和血栓栓塞性疾病，诱发乳腺癌等恶性肿瘤。

3.精神药品

(1)一般性状与应用概况

兽药临床上镇静药多用于动物的镇静、保定、基础麻醉及术前给药等。在饲料中添加镇静药，通过抑制动物中枢神经，使动物处于镇静、半睡眠状态，从而减少活动量，达到催肥的目的，因此人们曾将其用于促生长。镇静剂还可提高动物对高温季节的适应性，减少动物运输过程中的骚动。常用的镇静剂有利血平、氯丙嗪和地西泮等。其中利血平属于药物生物碱，主要通过耗竭中枢及外周神经系统和其他组织中的儿茶酚胺和5-羟色胺，引起镇静和降血压的作用。该药在兽医医疗上没有广泛应用，但由于其有一定的促生长作用，故也曾做饲料添加剂用。氯丙嗪为多巴胺受体阻断剂，具有较强的镇静作用，体内分布广泛，易透过血脑屏障，脑内浓度较血浆浓度高4～10倍，另外，肺、肝、脾、肾等组织内亦较多，它还能透过胎盘屏障影响胎儿，并能分泌至乳汁内，山羊乳中浓度高于血浆浓度。该药排泄很慢，在动物体内残留时间可达数月之久。地西泮又称安定，具有镇静、催眠与肌肉松弛作用。该药内服吸收迅速，30～120分钟达到峰浓度；体内分布广泛，可透过血脑屏障。

(2)毒性与中毒机理

利血平耗竭脑中的儿茶酚胺、5-羟色胺等神经递质，能改变动物的行为，剂量过大还能引起动物动作僵硬，肌肉震颤，且动物需较长时间才能恢复。氯丙嗪的药理作用广泛而复杂，主要作用于中枢神经系统、植物神经和内分泌系统，动物长期使用氯丙嗪能改变其生理常数，如呼吸、心率和体温等。地西泮会使动物产生便秘等副作用，大剂量可致共济失调，肝、肾功能障碍的患畜慎用，孕畜禁用。由于该类药作用广泛而复杂，对中枢神经、植物神经和内分泌均有一定的作用，残留在畜产品中的药物也会影响人类的神经系统和内分泌系统的正常功能，因此该类药大多已禁用于动物促生长。

4.抗生素类

(1)氯霉素类

氯霉素类抗生素包括氯霉素、甲砜霉素和氟本尼考，它们均属于广谱抗菌药。其中氯霉素由于毒性较大，现已禁用。该类药对革兰氏阳性菌、阴性菌都有作用，但对革兰氏阴性菌的作用较阳性菌强，特别是对伤寒杆菌、副伤寒杆菌和沙门氏杆菌作用最强。对立克次氏体、衣原体也有一定的疗效。因此，该类药主要用于肠道感染，对各种动物的大肠杆菌、沙门氏杆菌病等均有良好疗效。氯霉素类抗生素通过抑制细菌蛋白质的合成而抑菌，当动物体内药物浓度较高时，对动物正在成熟或增殖的某些细胞如骨髓细胞、再生肝细胞等也产生抑制作用。其中氯霉素的毒性最大，在治疗量时就能影响增殖或转换率较快的细胞线粒体的功能。长期或多次使用氯霉素可抑制骨髓的造血功能，引起血小板减少性紫癜、粒细胞缺乏和再生障碍性贫血。氯霉素还能抑制机体免疫功能，并且是肝微粒体药酶的抑制剂，能明显减慢其他药物的代谢，从而延长其他药物在体内的时间或增强其毒性。正是由于上述原因，1984年美国食品和药物管理局禁止氯霉素用于所有食品动物，我国也于 2002 年开始禁止使用。

(2)硝基呋喃类

硝基呋喃类药物有呋喃唑酮、呋喃妥因和呋喃它酮等。该类药有广谱抗菌作用，对革兰氏阳性菌、阴性菌和某些真菌、原虫都有作用。该类药毒性和副作用较大，雏禽特别敏感，易致中毒，犊牛和仔猪也较敏感。另据报道，硝基呋喃类药物有致癌和致突变作用，因此部分国家已禁止作为饲料添加剂使用，我国也将呋喃它酮和呋喃唑酮列为食品动物禁用的兽药。

5. 其他

(1)三聚氰胺

三聚氰胺(melamine)是一种有机含氮杂环化合物，学名 1,3,5-三嗪-2,4,6-三胺，或 2,4,6-三氨基-1,3,5-三嗪，简称三胺、蜜胺、氰尿酰胺，是一种重要的化工原料，主要用途是与醛缩合，生成三聚氰胺-甲醛树脂，这种树脂不易着火，耐水，耐热，耐老化，耐电弧，耐化学腐蚀，有良好的绝缘性能和机械强度，是木材、涂料、造

纸、纺织、皮革和电器等不可缺少的原料。它还可以用来做胶水和阻燃剂，部分亚洲国家也用其来生产化肥。三聚氰胺的最大特点是含氮量很高(66%)，从它的分子式 $C_3H_6N_6$ 不难算出，在植物蛋白粉和饲料中，每增加 1 个百分点的三聚氰胺，会使通常以凯氏等定氮方法测定的蛋白质虚涨 4 个多百分点，加之其生产工艺简单、成本很低，给了掺假、造假者极大的利益驱动，有人估算在植物蛋白粉和饲料中使蛋白质增加 1 个百分点，用三聚氰胺的花费只有真实蛋白原料的 1/5，所以"增加"产品的表观蛋白质含量是添加三聚氰胺的主要原因。但是近来也发现添加三聚氰胺的另一原因，即改变产品的加工和口感特性，这是由于三聚氰胺有一定的黏性，少量添加即可改变蛋白粉和饲料的黏韧性，2007 年 5 月中旬美国在其本土发现的 Tembec BTLSR 公司和 Uniscope 公司在黏合剂和水产、牛、羊饲料中添加三聚氰胺，其目的就出于这一点。当然三聚氰胺作为一种白色结晶粉末，没有什么气味和味道，掺杂后不易被发现等也成了掺假、造假者心存侥幸的辅助原因。从三聚氰胺的含量可以大致知道掺假的目的，为增加表观蛋白量一般加量都在 2 000 毫克/千克以上，而为改变产品黏韧度一般加量为几百毫克/千克。

(2)苏丹红

苏丹红是一种人工合成的红色染料，作为一种工业染料被广泛用于如溶剂、油、蜡、汽油的增色以及鞋、地板的增光等方面。苏丹红为亲脂性偶氮化合物，主要包括Ⅰ、Ⅱ、Ⅲ和Ⅳ四种类型。它的化学成分中含有一种叫萘的化合物，该物质具有偶氮结构，由于这种化学结构的性质决定了它具有致癌性，对人体的肝肾器官具有明显的毒性作用，而且国际癌症研究机构将苏丹红Ⅰ号和Ⅳ号列为致癌物。虽然"苏丹红"并非食品添加剂，但由于其染色鲜艳，在一些食品如香肠、泡面、熟肉、馅饼、辣椒粉、调味酱等产品中确有添加，我国的"红心鸭蛋事件"也是由于在鸭饲料中添加苏丹红引发的。偶然摄入含有少量苏丹红的食品引起的致癌性危险性不大，但如果经常摄入含较高剂量苏丹红的食品就会增加其致癌的危险性，而且苏丹红的有些代谢产物是人类的可能致癌物，特别是苏丹红Ⅰ在人类肝细胞研究中显现可能致癌的特性，因此应尽可能避免摄入这些物质。基于苏丹红是一种人工色素，在食品中非天然存在，有致癌性，因此各国均明文规定在食品中禁用。1996年我国出台的《食品添加剂使用卫生标准》规定，苏丹红绝对禁止用于食品生产。我国农业部也作出相应的规定，禁止在饲料中添加苏丹红，并加大对农产品的质量安全监管力度，严厉打击非法经营有害化学物质的行为，坚决取缔生产销售含有违禁药品的饲料企业。

(3)孔雀石绿

孔雀石绿(Malachite Green)是有毒的三苯甲烷类化合物，能溶于酸类，主要用于铜的提炼和做颜料，也用于染羊毛、丝、皮革等，是工业性染料。由于其具有杀真菌的作用，对鱼类水霉病、原虫病等的控制非常有效，长期以来孔雀石绿在水产养殖业中的使用极为普遍。但科学研究表明，孔雀石绿中的化学功能团三苯甲烷可致癌，孔雀石绿进入人类或动物体内后，可以通过生物转化，还原代谢成脂溶性的无色孔雀石绿。由于这种物质具有高毒性、高残留和致癌、致畸、致突变等副作用，并能在鱼体内长时间残留，会影响人体健康。我国于2002年5月将孔雀石绿列入《食品动物禁用的兽药及其化合物清单》中，严禁使用。但是我国还是发生了“多宝鱼事件”，即在多宝鱼中检测出孔雀石绿的残留。其原因在于孔雀石绿价格低廉，并且治病效果显著，对于养殖户来讲，能节约成本又能产生好的效果，这是他们最看重的，也就是利益的驱动。加上他们对孔雀石绿的危害认识不足，所以导致孔雀石屡禁不止。随着近期各地开始加强对孔雀石绿的监督管理，养殖户很少在养殖中应用孔雀石绿，但仍然没有杜绝。孔雀石绿主要应用

在育苗过程中的消毒处理，养殖过程中的杀虫和治疗水霉病等以及运输中的消毒，以延长鱼类在长途贩运中的存活时间。

目前，国际上对进口水产制品实施孔雀石绿项目检测已成惯例。为保证消费者食鱼安全，维护我国在国际贸易中的声誉，避免造成退货损失，国家农业部已发出紧急通知，要求在全国范围内进一步加强对孔雀石绿的监督检测，加大打击非法生产、销售和使用禁用渔药行为的力度，从源头上阻截孔雀石绿，坚决控制其非法使用；同时，要加紧研制无毒高效的准用渔药。谈到对孔雀石绿等国家法令禁止使用的药物做残留检测，有关专家表示，在食品领域对于国家法令禁用的药物做残留检测，只需做出有还是没有这种违禁药物的结论就足够了。如果有，不管含量多少都不能吃。目前，既然已发现鱼类等水产品中有人在非法使用孔雀石绿，就应该从严从快进行监测和打击，确保广大消费者的健康安全。据悉，近年来国际上已经开发出一些比较安全的孔雀石绿替代品作为渔场杀虫和杀菌剂，其杀虫、杀菌效果可与孔雀石绿相媲美，且相对安全。因此，养殖业从业者要自觉遵守有关规定，在生产中禁止使用孔雀石绿等禁用药物，这既能确保鱼类及其制品的食用安全，又是其产品畅销国外市场的必然选择。

6. 预防

加强宣传，使饲料企业及养殖业人员对饲料违禁药物及其危害有深刻的认识与了解。坚决禁止使用盐酸克伦特罗和己烯雌酚等激素类、安定等镇静剂类以及各种含氯药物，禁止将抗生素作为饲料添加剂。合理使用允许使用的药物：一是严格遵守国家对屠前停药期的规定以免有残留检出或者残留超标；二是要适时应用无屠前停药期的药物，以确保屠前动物的健康；三是选用与人类用药无交叉抗药性的畜禽专用药物；四是改变某些终身用药的方法为阶段适时用药；五是坚决禁止食用在停药期内患病急宰的动物；

六是研制推广使用天然药物和制剂，减少抗生素和合成药的使用。

近年来一批酸化剂、微生态制剂和化学益生素等天然物质饲料添加剂相继出现，它们能够在数量或种类上补充肠道内减少或缺乏的正常微生物，调整或维持肠道内微生态平衡，增强机体的免疫机能和抗应激能力，提高生产性能和经济效益，但却不造成药物残留和抗药性等问题，是很有前途的添加剂。实施畜禽的“健康养殖工程”，培育健壮种质资源，改良品种；研制开发最优的饲料配方；投放营养配比合理的饲料；减少畜禽的发病机会，提高其抗病免疫力和生长率。

（六）饲料中的农药残留问题

1.概述

（1）农药的分类

迄今为止，在世界各国注册的农药品种近 2 000 种，其中常用的有 500 余种。按其来源分为生物源、矿物源和化学合成三大类；按防治对象或用途可分为杀虫剂、杀螨剂、杀鼠剂、除草剂和植物生长调节剂等；按化学结构可分为无机农药、有机农药、抗生素农药和生物农药等，其中有机农药按化学结构再分为数十种，如有机氯农药、有机磷农药、有机氮农药、氨基甲酸酯类农药和拟除虫菊酯类农药和有机金属农药等；按作用方式分有杀生性农药和非杀生性农药，前者包括胃毒剂、触杀剂、内吸剂和熏蒸剂等，后者包括特异性杀虫剂（如引诱、驱除、拒食和昆虫生长调节剂等）和植物生长调节剂等。

（2）常用农药在饲料中的残留及毒性

目前我国的农药仍以杀虫剂为主，农药对环境、饲料、食品的污染也主要由杀虫剂引起。我国的农药杀虫剂按生产和使用历史

来看，第一代农药是有机氯农药，第二代为有机磷农药，第三代为氨基甲酸酯类农药，第四代为拟除虫菊酯类农药。

①有机氯农药　有机氯农药称为广谱高效杀虫剂。代表物有六六六、滴滴涕、林丹、氯丹、七氯、狄氏剂和艾氏剂等，从产销量来看以六六六最多。

有机氯农药化学性质稳定，脂溶性强，在环境中不易被降解，具有很高的残留量，而且它具有生物富集作用，即通过食物链逐级浓缩。大多数有机氯农药的急性毒性属中等毒性，毒作用为神经毒和细胞毒。具体的毒作用表现，一是损害肝脏组织与肝功能，影响细胞氧化磷酸化过程，使肝变性坏死；二是对中枢神经系统有刺激作用，使中枢神经系统兴奋，骨骼肌震颤，中毒时神经症状明显；三是影响生殖机能，使性周期紊乱，透过胎盘，显现胎毒作用，高剂量六六六和滴滴涕对男性生殖功能包括精子的生成有损害。

虽然我国的有机氯农药已停用达 20 年，从整体上讲已不属于一个有影响的环境污染问题了，但在许多饲料和食品中仍有较高的检出率，尚有不少地方土壤中滴滴涕的污染仍相当严重。因此，有机氯农药的污染仍将持续相当长的一段时期。

②有机磷农药　有机磷农药主要作为杀虫剂，被广泛应用于谷类、蔬菜、果树、茶和牧草等作物，也可用作仓库害虫防治及卫生杀虫。除此之外，有些品种还作为杀菌、杀线虫、杀鼠和除草之用。因此说它是具有广谱杀虫剂作用并兼有其他多种作用的高效农药。其杀虫的主要机理为抑制昆虫体内的胆碱酯酶活性。常用的品种有敌百虫、敌敌畏（DDVP）、对硫磷（1605）、乐果、氧乐果、甲拌磷（3911）、甲胺磷和辛硫磷等。

有机磷农药中毒的机理是，它是一种抑制剂，能抑制动物血液和组织中胆碱酯酶活性，引起胆碱能神经功能紊乱。中毒症状表现为 3 类：一类为毒蕈样症状，即瞳孔缩小、流涎、出汗、呼吸困难、呕吐、腹泻及尿失禁等；一类为烟碱样症状，即肌肉纤维颤动、痉挛、四肢僵硬等；还有一类是由于乙酰胆碱在脑内积累而表现出的中枢神经系统症状，即乏力、不安，先兴奋后抑制，重者发生昏迷甚至死亡。目前和近期我国仍以有机磷农药为主，它们既有引起急性中毒的危险又有引起慢性中毒的可能，所以必须加以重视。

③氨基甲酸酯类农药　氨基甲酸酯类农药具有选择性杀虫效力强、作用迅速、杀虫广谱等特点。分为具有烷基的杀虫剂（西维因）和具有芳香基的除草剂。其杀虫机理与有机磷农药相同，主要是抑制昆虫体内的胆碱酯酶活性。主要品种有甲萘威、仲丁威、异丙威（叶蝉散）、叶飞散、克百威（呋喃丹）和速灭威等杀虫剂，以及杀草丹、燕麦灵和灭草灵等除草剂。

氨基甲酸酯类农药难溶于水，易溶于有机溶剂，在碱性环境中易分解，化学性状较有机磷农药稍稳定，可在土壤中存留 1 个月左右，在地下水及农作物、果品中也有残留。对人畜的急性毒性属于中等毒，毒作用机理与有机磷农药相似。

④拟除虫菊酯类农药　拟除虫菊酯类农药是 20 世纪 80 年代崛起的一类杀虫剂，目前产量仅次于有机磷、氨基甲酸酯类，为杀虫剂中的第三大类，约占世界杀虫剂的 20%。具有高效、对害虫的击倒力强、用量少等特点。对害虫主要是触杀和胃毒作用，同时具有驱避和拒食作用。它的杀虫机理主要是干扰害虫神经系统的功能。品种很多，如胺菊酯、溴氰菊酯（敌杀死）、氰戊菊酯（安绿宝、兴棉宝、灭百可）、氟氯氰菊酯（百树菊酯）和氯菊酯（除虫精）等。对人畜的急性毒性为低毒或中等毒，毒作用机理是通过对细胞膜钠泵的干扰使神经膜动作电位的去极化期延长，周围神经出现重复动作电位，造成肌肉的持续收缩，增强脊髓中间神经元和周围神经的兴奋性。另外，有机磷农药能抑制拟除虫菊酯类在体内脂肪中蓄积的可能。

2.农药污染饲料的途径

(1)农田施用农药对植物性饲料造成直接污染

农药喷施于农作物后,一部分农药会黏附在植物的外表,而部分亲脂性农药能很快渗透到植物表皮蜡质层或进入植物组织内部,内吸附性强的农药还可以被植物吸收而疏导分布到植株的各个部分及汁液中,在植物体内被降解,而降解的速度快慢不一,往往造成农药残留。

(2)植物从污染的环境中吸收农药

在农田喷洒的农药除直接散落在植物上以外,大部分散落在土壤上,小部分漂浮在空气中,然后缓缓落地或被雨水冲刷而进入池塘、湖泊与河流等地面水中。植物可通过根系从土壤中吸收农药,并通过代谢输入到植物的各个部位,而空气中的农药通过植物呼吸的气体交换进入植物组织内,大气中的农药也可直接落于植物表面,另外植物从含有农药的浇灌水中吸收农药。性质稳定的农药如六六六、滴滴涕等有机氯杀虫剂,在土壤中可以残存数十年,即使停止施药,在这种土地上以后再栽种作物时,残存的农药还可以被植物吸收,从而在植物性饲料中残留。

(3)其他来源

粮库或饲料库内用农药防治害虫,若施用不当,可使粮食及饲料残留杀虫剂;饲料在运输过程中有可能受到污染;含有农药的工业废水、废气未经处理随意排放,会污染农作物和牧草。

3.控制饲料中农药残留的措施

农药的两大缺点是无选择性和高稳定性。农药的无选择性毒性是指对非靶标生物包括有益昆虫、微生物、植物、家畜和人皆有毒。有的农药在正常情况下对害虫有毒而对人畜无毒,但因其有较强的蓄积性，在生物环境中通过食物链富集起来，逐渐达到一个非正常量的高浓度，这种高浓度可引起人畜中毒。因此只有发展高效、低毒、低残留的农药，选择安全和较安全级农药，如生物性、植物性的或模拟天然物质的化学合成农药，才利于其在生态系统中被快速降解，不残留或少残留。对已污染或有农药残留的饲料进行适当的去污处理或另作他用，以减轻农药污染的危害。

三、饲料添加剂的安全使用

（一）饲料添加剂的概念

饲料添加剂是指在饲料加工、制作、使用过程中添加的少量或微量物质，主要目的是为了完善、强化动物饲料的营养价值，提高饲料的利用率，增进动物健康，促进动物生长发育，延长饲料的保质期，改变动物产品品质以及降低动物排泄污染等。饲料添加剂包括营养性饲料添加剂、一般饲料添加剂和药物饲料添加剂。一般饲料添加剂和药物饲料添加剂统称非营养性饲料添加剂。

（二）饲料添加剂的使用误区

1. 饲料高铜的危害

从国际国内饲料标准得知，高铜类饲料添加剂本身就不符合猪饲料的标准。在美国、日本、加拿大等国家，饲料添加剂必须明确标示其中的添加品种和剂量，超过畜禽营养标准的产品未经特许，不准生产、销售。我国也相应规定，制订产品标准时，对超营养标准的金属品种，要特别注明为高×畜添加剂。而一些生产企业置标准不顾，不执行这些规定，甚至把某些高剂量添加品种当成技术诀窍进行保密，用户根本不知道这些品种中的实际含量。而对用户来说，也就可能出现只重效果现象，不顾后果实质，从而对社会埋下隐患。一是引起动物铜中毒。长期饲喂高铜日粮可使铜在肝脏蓄积，引起慢性中毒，主要中毒症状为厌食、生长停滞、贫血、黄疸、皮肤发痒和湿疹样病变。二是引起动物某些营养素缺乏，增加饲料成本。铜与锌、铁、钙、硫、钠等有拮抗作用，高铜可降低锌和铁的吸收，从而引起锌和铁的缺乏。如猪常出现类似缺锌、皮肤不完全角化症和缺铁、缺铁性贫血等症状。三是影响食品安全，危害人体健康，长期饲喂高铜日粮可使动物肝、肾和肌肉中铜残留量显著增加。人食入后可造成铜在肝、脑、肾等组织中积累，从而危害人体健康。高铜可使动脉粥样硬化并加速细胞的老化和死亡。四是导致环境污染，破坏生态平衡。土壤的铜污染可破坏土壤的物理、化学和生物学功能，引起土壤的肥力降低，植物生长受阻，影响作物产量和养分含量。

2.过量使用有机砷类饲料添加剂

大量使用砷制剂可导致环境砷污染，危害人类健康。砷被机体吸收后，主要蓄积在肝、肾、脾、骨骼、皮肤和毛发中。砷与巯基酶结合，使酶失活，导致细胞代谢紊乱。砷对人的中毒剂量为 0.01～0.052 克，致死剂量为 0.06～0.2 克，但每日摄入 3 毫克无机砷经 2～3 周即可导致成年人中毒。成年人每日从饮食摄入的砷一般在 200 微克以下。据估计，若饲粮中添加阿散酸 100 毫克/千克，一个万头猪场每年可向环境中排放 125 千克砷，若将这些排泄物施用在 2 000 亩的土地上，则 8 年可使土壤含砷量人为增加 4.6 毫克/千克，地下水的含砷量也会增加。土壤含砷量高将提高作物含砷量。按此计算，不到 10 年，上述土壤所产红苕的含砷量就会超过国家食品卫生标准，该片土地只能报废。若饲粮阿散酸添加量超过 100 毫克/千克，则土地报废时间就会更短。

由于有机砷制剂吸收率低、排泄快，在肉品中的残留量可能很小(刘茂玲，2000)。砷的残留量取决于机体部位、砷添加量和停药期长短。

3.滥用抗生素

(1)饲料中添加抗生素的作用

饲料中添加抗生素，对促进动物生长、保持动物健康、预防疾病和提高饲料利用率很有效果。农业部已发布《饲料药物添加使用规范》，明确了哪些抗生素可用于动物营养及在使用中应该注意的问题。

(2)饲料中滥用抗生素对人类和动物健康的危害

在饲料中合理添加抗生素给养殖业带来巨大的经济效益和推动作用，但是滥用抗生素可能带来如下的危害：长期加入人畜共用的抗生素会使一些细菌产生耐药性，而这些细菌可把耐药性传给病原微生物，从而影响人用抗生素的疗效；抗生素若超量添加或没有适当的停药期，会残留在动物产品中，即使经过加热处理也不能使一些抗生素完全“钝化”，会对人体产生一系列的有害作用。目前，在我国有健全的饲料法规来管理抗生素的使用。

（三）正确使用饲料添加剂

饲料添加剂作为配合饲料的核心部分，在饲料工业和养殖业中具有非常重要的作用。然而，这种作用必须在科学、合理使用的基础上才能显示出来。若不能正确使用，将适得其反，带来不必要的损失和不利后果。因此，必须掌握各类添加剂的应用方法，充分发挥其功效和作用。

1. 符合有关的法律法规

所使用的饲料添加剂必须符合《饲料卫生标准》、《饲料标签》和《饲料及饲料添加剂管理条例》的有关规定；饲料中使用的营养性饲料添加剂和一般饲料添加剂应是中华人民共和国农业部公布的《允许使用的饲料添加剂品种目录》所规定的品种和取得生产产品批准文号的新饲料添加剂品种，并且应是具有农业部颁发的饲料添加剂生产许可证企业生产的、具有产品批准文号的产品。饲料添加剂的使用应遵照饲料标签所规定的用法和用量；药物饲料添加剂的使用应该按照中华人民共和国农业部发布的《饲料药物添加剂使用规范》执行，使用药物饲料添加剂应严格执行休药期制度，饲料中不应直接添加兽药，不应添加国家严禁使用的如盐酸克伦特罗、激素等违禁药物。

2. 谨慎使用抗生素

提倡谨慎使用抗生素，减少对抗生素使用的依赖性和随意性，特别是滥用抗生素。因为抗生素除了在幼龄畜禽、环境恶劣、发病率高时应用效果较佳外，在许多情况下并无太大的作用。养殖企业应在改善饲养管理、卫生状况方面下工夫，应用安全饲料添加剂，以最大限度地减少抗生素用量。严格执行停药期，人、畜用药分开，合理使用抗生素。欧盟等发达国家对抗生素使用的限制越来越严格，以确保动物性食品的安全性。我国饲料企业主动适应这一发展趋势，为最终不使用抗生素尽早做出技术储备。禁止使用会给动物机体和畜产品带来安全隐患的抗生素添加剂。

3. 合理使用药物添加剂

严格执行国家有关饲料添加剂安全性使用规定；加强饲料添加剂的监督检测工作，对非法生产未经批准使用的饲料添加剂以及生产伪劣饲料添加剂的行为严厉查处与打击，彻底整顿当前饲料添加剂的混乱局面；加强饲料场内饲料生产的安全性控制，包括工厂管理、品质、配方设计和加工制作等，并且加强饲料添加剂使用中的安全性控制，饲料厂在将产品销售给饲养户时，必须在产品标签及使用说明中明确告知产品的内容物与正确使用方法，如停药期、更换无药饲料事项，并应向用户提供相应的停药期产品。另外，应发展无毒副作用、无残留的安全型饲料添加剂，保障人类健康，减少环境污染。抗生素饲料添加剂的安全高效应用技术总结如下：

①正确选用抗生素添加剂，严格掌握各类抗生素的适用症。选择对病原微生物高度敏感、抗菌作用最强或临床疗效较好、不良反应较少的抗生素。当有其他药物能够取得良好疗效时，尽量不使用抗生素，以避免抗生素的副作用。而且所选用的品种应符合我国公布的允许使用名录，否则会在畜产品中造成残留。

②药物添加剂的添加应由专人负责，并有完整详细的书面记录。高浓度药物添加剂要先预稀释再添加。经常校正计量设备，以保证计量准确。严格控制使用剂量，保证使用效果，防止

不良的副作用。开始用药时剂量可稍加大，以缩短和减少抗药性的发生。

③凡饲料中使用药物添加剂，要遵循逐级稀释扩大的方法进行，确保药物添加剂的均匀性。在加工不含药物的饲料前要将混合机存留的上一批饲料清理干净，并定期清理粉碎、混合、输送、储藏设备和系统。

④合理、定时、定量地使用抗生素添加剂。使用抗生素应遵循下列原则：不需用抗生素的就不用，例如病毒感染，使用抗生素就无效；凡用一种抗生素就能控制病情发展的就不再增用其他种药品；凡用窄谱抗生素能控制感染的就不用广谱抗生素；掌握用药时机和用药期限，一般在急性期使用效果较好，有些抗生素还有用药期限要求，否则将导致药物在畜禽产品中残留。

⑤严格使用对象。对于各类畜禽的发育阶段的用药可参照如下原则进行（张乔，1994）：产蛋鸡：幼雏（0～4 周）用；中雏（4～10 周，肉种鸡 4～8 周）用；大雏期（10 周龄后）一般禁用；产蛋期禁用。肉仔鸡：前期（0～4 周）用，后期（4 周以后）用，但在屠宰前 7 天停用。有的添加剂在 4 周龄以后禁用。猪：哺乳期（2 月龄以内）用；仔猪期（2～4 月龄）用，但有些添加剂在此期禁用。一般在 5 月龄至育肥期不添加。

⑥联合使用抗生素可增强使用效果，减弱毒性反应和延缓或减少耐药菌株的产生。根据抗生素的作用方式和疗效，可分为三类：第一类为繁殖期杀菌药，如青霉素类、杆菌肽等；第二类为静止期杀菌药，如氨基糖苷类、多黏菌素（B 和 E 等）；第三类为快效抑菌药，如四环素类、氯霉素类和红霉素类等。第一类和第二类合用，可获得协同作用；第二类和第三类合用，可获得协同作用或累加作用。

⑦有些抗生素不能同时使用，存在着配伍禁忌，如胺丙啉与莫

能菌素，喹乙醇与杆菌肽锌，喹乙醇与硫酸黏杆菌素等。

⑧抗生素与某些营养物质配合饲用效果更好，如抗生素与硫酸铜配合使用饲喂仔猪效果更好。

⑨饲料标签要标明药物的名称、含量、使用要求和停药期等。

4.科学配制饲料添加剂

(1)合理选择添加剂原料

饲料添加剂的种类很多，每一类又有其不同的特点、品质要求和功效。在使用前，要充分了解这方面的基本知识，并根据饲养目的、动物种类、生理阶段和气候条件等加以选择。如幼龄动物比成年动物的生长速度快、强度大，故一些促生长添加剂用于前者比后者的效果要好得多。

(2)适时、适量添加

大部分饲料添加剂参与动物机体的代谢活动，并对动物产品品质和人类健康产生影响，在使用时间和添加量上必须注意。如猪宰前的一段时间内，不能在饲料中添加易残留的成分，否则会危及人类健康；维生素 A 的添加量若超出需要量的 3～4 倍，便会引起肝脏损伤。

(3)注意添加方式和适用对象

饲料添加剂除了一些专门溶于水中饮用的外，一般只能混于干料中喂给，不宜混于湿料或水中饲喂。用时要按说明书进行，不能图省事，随便改变使用方式。另外，也要注意饲料添加剂的适用对象。例如，有毒(砷、铅等)或产生不良风味的饲料添加剂不能用于奶牛、奶羊等产奶动物，否则会影响奶产品的品质和损害人类健康。

(4)注意配伍禁忌

当多种饲料添加剂混合使用时，使用前必须了解它们之间是否存在着互相抑制或抵消作用。如果有,必须采取相应的措施,以免造成浪费或产生不利影响。如矿物元素不能和维生素配在一起添加,因为矿物元素会破坏维生素,影响饲喂效果。

(5)混合要均匀

饲料添加剂占配合饲料的比例很小,应先将饲料添加剂混于少量饲料中,逐级放大,以保证混合均匀。

5. 合理使用微量元素饲料添加剂

作为饲料添加剂的微量元素化合物必须是动物可以吸收和利用的。一般来说,水溶性好的,吸收率也高。但水溶性好的,吸潮性也强,会增加使用时的困难。各种化合物的可利用性差异很大。使用微量元素时,一般应选择可利用性好的微量元素化合物,无机微量元素中多使用硫酸盐。其次微量元素添加剂必须符合卫生指标要求,主要卫生指标是重金属(如砷、铅、氟、汞、镉等)含量的最高界限(表 3-1)。

表 3-1 饲料用微量元素化合物的卫生指标要求 毫克/千克

有害元素	含量的最高界限
砷	10
铅	30
氟	2 000
汞	0.1
镉	10

使用微量元素添加剂时要特别注意动物对微量元素的耐受量,防止因添加量过多而引起中毒。部分畜禽对微量元素的最大耐受量见表 3-2。

表 3-2 畜禽对微量元素的耐受量 毫克/千克

矿物元素	猪	禽	牛	绵羊
铁	3 000	1 000	1 000	500
铜	250	300	100	25
锌	1 000	1 000	500	300
锰	400	2 000	1 000	1 000
碘	400	300	50	50
钼	20	100	10	10
钴	10			
硒	2.0			

为了减少大剂量使用某一微量元素对其他微量元素的可利用性的影响以及对环境的不良影响，应尽可能使用有机微量元素。

6. 加强添加剂的饲后观察

在应用饲料添加剂时，饲养人员应随时注意被饲动物的反应，如发现有异常现象，应立即停止饲喂，并采取相应的解救措施。

总之，应用饲料添加剂要坚持安全、有效、经济和方便的原则。用前要看清其用量、效价和有效期限，要注意限用、禁用和配伍禁忌等规定。不管何种饲料添加剂，都要因地制宜、适时、适量应用，不可盲目乱用。具体选择每一种饲料添加剂时，首先要辨别真伪，其次要根据本地区的实际情况和自己的具体情况选用。应用时，要参照有关规定和注意事项办理。

（四）加速推广应用新型绿色安全的饲料添加剂

由于使用抗生素给人类带来的安全隐患，许多国家已通过立法限制抗生素的使用，并致力于研究开发无毒副作用、无残留的安全型饲料添加剂品种，并已取得初步进展。

1.微生态制剂

包括活菌制剂、微生物培养物、微生态调节制剂等。微生态制剂是微生态理论在饲料工业上的直接应用，它们通过改变动物胃肠道微生态环境和微生物菌群的组成，改善消化道菌群平衡，提高机体抗病力及饲料利用率，从而达到防止消化道疾病和促进生长等多重作用，在畜禽饲料中应用效果较好。微生态制剂是具有畜种特异性、微生态环境特异性的饲料添加剂，其使用效果因动物的种类、年龄、饲料形态、饲喂条件、菌种组合以及是否处于应激状态等变化，在使用时应当选择合适的菌种生产的产品。配合饲料中影响微生态制剂效果的成分主要为抗生素或其他类抗生素物质。在使用时，要注意避免拮抗作用，发挥协同增效作用。

2.寡糖

又称低聚糖，是2～10个单糖通过糖苷键连接的小聚合物的总称。目前用作饲料添加剂的主要包括异麦芽糖、异麦芽三糖、异麦芽四糖、果寡三糖、果寡四糖、果寡五糖、半乳寡糖、甘露寡糖、大豆果糖、龙胆寡糖和木糖寡糖等。这类果糖本身不具有营养作用，当其到达动物消化道后段时，能被有益生物所利用，从而促进肠道有益菌群的增殖。而且大量研究结果表明，在饲料中添加适量低聚糖，可以促进动物生长，改善动物健康状况，提高动物营养物质的吸收率，改善饲料转化效率，提高动物的抗病力和免疫力，防止腹泻，减少粪便及粪便中氨气等腐败物质的量。寡糖的种类与添加量都会影响其应用效果，饲养环境的好坏也同样影响寡糖的应用效果，在良好的饲养环境条件下，日粮中添加寡糖效果不明显，只有当生产性能受肠道因素影响较大时，其促生长作用才能明显

表现出来。另外，寡糖与抗生素联合使用对抑制动物大肠杆菌性腹泻及其所引起的生长受阻效果较好。

3. 中草药添加剂

中草药饲料添加剂是指以天然中草药的药物（阴、阳、寒、凉、温、热）、药味（辛、酸、甘、咸）和物间关系的传统理论为基础，以现代动物营养学和饲养学理论为指导，并结合生产实际研制的单一或复合型的添加剂。中草药含有多种氨基酸、维生素、微量元素等营养物质，具有天然、毒副作用小、抗药性不显著以及多功能等特点，其重要成分易被动物吸收利用，不被吸收的其他物质也能顺利地排出体外，一般不会造成药物残留，在确保提高生产性能和饲料利用率的同时，也能充分保证人体健康，而且价格低廉、资源丰富，是一种天然优质新型的饲料添加剂。中草药饲料添加剂的使用要有针对性，因畜而异，比如鸡的基础代谢高，对饲料的消化吸收及排泄快，故添加剂应选用平补清导之类为宜；猪属水畜，多邪，易害热，添加剂应以燥湿去寒为主；对泌乳动物，应以活血散淤、增强乳腺发育及促进分泌活动的药物为主；另外还应中西医结合。

4. 饲用酶制剂

酶是由生物体生产的一类具有高度催化活性的物质，又称生物催化剂。饲用酶制剂是通过特定生产工艺加工而成的含单一酶或混合酶的工业产品。目前饲料用酶已有 20 种，多为水解系列酶，如蛋白酶、纤维素酶、β-葡聚糖酶、戊聚糖酶（阿拉伯糖木聚糖酶）、α-半乳糖苷酶、果胶酶、α-淀粉酶、液化淀粉酶、糖化酶（糖化淀粉）和植酸酶等。除植酸酶有单一酶产品外，其余饲用酶制剂大多是包含多种酶的复合制剂。应用较多的有纤维素酶、葡聚糖酶、木聚糖酶、淀粉酶、蛋白酶、果胶酶和植酸酶等。添加饲用酶制剂能补充动物内源酶的不足，增加动物自身不能合成的酶，从而促进畜禽对养分的消化、吸收，提高饲料的利用率，促进生长。此外，酶制剂的应用不但为各种不同类型日粮尤其是非常规日粮的应用提供可能，而且还减少了环境污染的可能性。饲用酶制剂可以根据畜禽的特异性、种类及动物的日龄来设计酶配方。总之，饲料复合酶的设计，既要考虑不同动物消化生理的特点，同时又要结合不同酶制剂自身的酶学特点，才能得到科学合理的酶制剂配方。

5. 卵黄抗体添加剂

卵黄抗体即卵黄免疫球蛋白，是抗原免疫禽类后由卵黄中分离得到的特异性抗体，具有取材方便、分离纯化方法简单、产量高、稳定性好等优点，可作为口服剂或饲料添加剂用于防治动物早期的消化道疾病。

用禽卵大量制备多克隆抗体是近年来抗体制备技术中新兴的研究领域。仔猪出生后口服猪大肠杆菌高免卵黄液，可明显降低仔猪黄痢的发病率，对已发病的黄、白痢仔猪，以高免卵黄液 4 毫升肌肉注射，连续 2 次，有明显的治疗效果。传统上人们通过使用抗生素控制仔猪下痢，抗生素泛滥使用造成的困扰和由于长期使用而导致应用效果降低，迫使人们寻找其他途径来控制仔猪下痢。卵黄抗体添加剂就可以有效地预防或治疗仔猪下痢。另外，卵黄抗体对预防和治疗犊牛、实验动物、家禽、水产及特产动物的胃肠道感染性炎症及腹泻都有满意的结果。但是，卵黄抗体不宜用于种鸡，因为种鸡应用高免卵黄抗体后，容易造成某些病毒性传染病的垂直传播；也不宜和疫苗同时应用，疫苗与高免卵黄抗体发生中和，疫苗不但起不到免疫效果，反而会降低高免卵黄抗体的效价，因此使用高免卵黄抗体后，应间隔 12 天后接种相应的疫苗，接种疫苗时应间隔 5 天才能使用相应的高免卵黄抗体。

6. 生物肽添加剂

肽是指氨基酸间彼此以肽键相互连接的化合物。多肽类指2～10个氨基酸组成的肽类，生物活性肽就是对动物具有特殊生理功能的肽类。近年来的研究发现，这些肽类对动物的消化、吸收、矿物质代谢、抗癌、促生长、刺激产乳和免疫功能、调节神经、防止疾病等方面有重要作用。肽在饲料中添加的作用主要有两点：一是促进饲料中营养物质特别是氨基酸的吸收；二是活性肽在肠道中或吸收入体内后发挥生物活性作用，促进动物的物质代谢或机体健康。将肽制品添加入饲料中，发挥两者或其中一种功能，均能促进动物的生长和健康。而且肽本身无毒副作用，这对于动物产品的安全有重要意义。肽作为一种新开发的绿色饲料添加剂，在养殖业中有巨大的潜在优势。在日粮中少量添加便可提高动物的生产性能。当前对肽制品的应用，主要是针对实际饲养中肽的添加比例及其促生长或生产效果，并结合市场情况，确定出合理的添加剂量，以获得最大的经济效益和社会效益。

四、饲料标签

饲料标签是以文字、图形、符号等说明饲料产品质量、使用方法及其他内容的一种信息载体，既是饲料生产者对产品质量信誉做出的一种承诺，又是产品管理制度的一项重大改革。我国于2000年6月发布实施了GB 10648—1999《饲料标签》，标准规定了饲料标签设计的基本原则、要求以及标签标示的基本内容和方法。标准适用于商品饲料和饲料添加剂，包括进口饲料和饲料添加剂标签。对于包括配合饲料、浓缩饲料、复合预混料和饲料添加剂等在内的饲料产品，大多是由几种甚至由几十种原料组成的，除非存在明显的霉变、生虫等情况，仅从外观很难判断其产品质量的好坏，而饲料标签就成为判断产品质量是否合格的重要依据之一。

（一）基本原则

饲料标签标示的内容必须符合国家有关法律和法规的规定，并符合相关标准的规定；饲料标签所标示的内容必须真实并与产品的内在质量一致；饲料标签内容的表述应通俗易懂、科学、准确，并易于用户理解掌握。不能有虚假、夸大或容易引起误解的内容，更不能以欺骗性描述误导消费者。

（二）饲料标签必须标示的基本内容

饲料标签标示的内容主要包括：①应标有“本产品符合饲料卫生标准”字样；②科学规范的饲料名称；③产品成分分析保证值；④原料组成；⑤产品执行标准编号；⑥加入药物饲料添加剂的饲料产品必须标注“含有药物饲料添加剂”字样，并表明其法定的名称、标准含量、停药期及其他注意事项；⑦产品使用说明；⑧要标示每个包装物中的净重（净含量）；⑨产品生产日期；⑩产品保质期；⑪详细的厂名、厂址、邮编和电话等；⑫饲料添加剂和饲料添加剂预混合饲料产品必须标明生产许可证、产品标准文号，进口饲料和饲料添加剂必须标明进口产品登记证号；⑬可在标签上标明出厂检验合格证。

（三）标签的基本要求

标准中规定，标签不得与包装物分离；散装产品的标签随发货单一起传送；印制材料应结实耐用；文字、符号、图形清晰醒目；印制内容不得在流通过程中变得模糊不清甚至脱落，必须保证用户在购买和使用时清晰易辨；必须使用规范的汉字；标签上出现的符号、代号、术语等应符合国家法令、法规和有关规定；计量单位必须采用法定的计量单位；一个标签只能标示一个饲料产品，不可一个标签上同时标出数个饲料产品。

（四）对饲料标签的监督管理

1.提高认识，高度重视国家标准《饲料标签》的贯彻实施

实行标签管理为产品质量监督管理工作带来很大的方便，已

成为各国加强产品质量管理的一种重要手段。生产者利用饲料标签可以合法有效地向用户介绍自己产品的特征，传达产品质量信息，并就产品质量对用户作出明确的承诺和保证；经营者可以根据标签标注的内容安排产品的安全储运、适时销售；养殖场（户）可以通过标签了解饲料、饲料添加剂产品的质量状况，便于正确使用和储运；饲料管理部门可以根据标签内容判断饲料、饲料添加剂产品质量，是打击假冒伪劣饲料、饲料添加剂产品的重要依据。

2.加强审核，切实纠正饲料标签的各种不规范行为

各级饲料管理机构要结合当地实际，在配合饲料、浓缩饲料和其他单一饲料的审查考核中，把饲料标签列入考核的内容，认真把关，严格审查，及时帮助企业找出问题，加以纠正。在对饲料添加剂和添加剂预混合饲料产品核发批准文号时，将严格审查标签内容，凡不符合《饲料标签》要求的一律不予核发批准文号。与质量监督管理部门沟通，在审查与备案企业标准时，共同把关，做好饲料标签的实施工作。

3.严格动物性饲料的质量管理

当前，动物性饲料标签存在的问题较多，且带有一定的普遍性。相对于饲料添加剂、添加剂预混合饲料、浓缩饲料和配合饲料，对动物性饲料的质量管理较为薄弱。因此，要研究加强对动物性饲料的管理措施，采取有效手段，尽快扭转动物性饲料标签严重不规范的问题。要加紧颁布出台动物性饲料卫生合格证制度，对生产环节实施准入管理，实行关口前移，实施源头治理。要加强对进口产品的登记管理，加大饲料标签的检查力度，通过在口岸检验时进行加贴标签等办法，规范进口产品的饲料标签，尤其是鱼粉等大宗原料产品。

4.引导养殖企业及用户认识标签重要性

养殖企业用户了解了标签知识，不但要运用这些知识来选择饲料、使用饲料，及在选择比较过程中学习一些饲料常识，更好地搞好养殖，获得更大的效益，而且还要把饲料标签作为一种质量保证的法律依据来保护自己的合法利益。饲料生产企业和饲料经营者更应规范标签，以免陷入不必要的纠纷中，影响自己的效益和声誉。

五、饲料加工过程中的危害分析与关键控制点(HACCP)

(一)危害分析与关键控制点基本原理

1.HACCP 简介

HACCP(Hazard Analysis and Critical Control Point,危害分析与关键控制点)是食品行业安全卫生标准,其定义为:鉴别、评价和控制对食品安全有重要危害的一种系统性管理制度。其目的是控制化学物质、毒素和微生物对食品的污染。该制度被世界许多发达国家认为是最具食品安全卫生品质保证的系统。

2.HACCP 基本原理

HACCP 管理是一个确认、分析、控制生产过程中可能发生的生物、化学、物理危害的系统方法,是一种全新的质量保证系统。HACCP 管理是对生产过程各环节的控制,主要包括危害分析 HA 和关键控制点 CCP 等 7 个基本原理组成。

①危害分析 HA 和确定预防性措施。确定与饲料和食品生

产各阶段有关的潜在危害性，它包括原材料生产、饲料和食品加工制造过程、产品储运、消费等各环节。危害分析不仅要分析其可能发生的危害及危害程度，而且也要制定控制这种危害的预防性措施。

②确定关键控制点 CCP。对可以被控制的点、步骤或方法，经过控制可以使饲料和食品潜在的危害得以防止、排除或降至安全水平。每个步骤可以是饲料和食品生产制造的任一步骤，包括原材料及其收购、生产、收获、运输、产品配方及加工储运等任何环节。

③建立关键限值。对每个 CCP 点需确定一个关键限值，以确保每个 CCP 限制在安全值以内。这些关键值常是一些保藏手段的参数，如温度、时间、物理性能、水分、水分活性和 pH 值等。

④监控每一个 CCP。要有计划、有顺序地观察或测定，以判断 CCP 确在控制中，并有准确的记录，用于事后评价。应尽可能通过各种物理及化学方法对 CCP 进行连续监控。若无法连续监控关键限值，应确保 CCP 完全在控制之中，并建立通过使用监控结果来调整加工和保持控制的持续。

⑤确立纠偏措施。当监控显示出偏离关键限值时，要采取纠偏措施。虽然 HACCP 管理体系已有计划防止偏差，但从总的保护措施来说，应在每一个 CCP 上都有合适的纠偏计划，万一发生偏差，立即用适当的手段来恢复或纠正出现的问题，并有维持纠偏行动的记录。

⑥建立有效档案记录保存体系。要求把列有确定的 HACCP 关键限值的制定、执行、监控、记录和其他措施等与执行 HACCP 计划有关的信息、数据记录文件完整地保存下来。

⑦建立验证程序，确保 HACCP 管理体系正确运行。

(二)危害分析与关键控制点的实施程序

推行 HACCP 管理体系至少应遵循三个程序。

1. 建立 HACCP 管理体系

目前,国际上通行的做法有两种:一是政府管理部门依据 HACCP 原理直接建立 HACCP 管理体系,通过法律法规强制执行,如美国、韩国等;二是政府提倡,中介机构和组织建立并推行 HACCP 管理体系,如加拿大、欧盟、日本、澳大利亚、新西兰和泰国等。一个国家、地区或者一个行业决定推行 HACCP 管理体系时,应当根据本国、本地实际和行业特色,选择建立 HACCP 管理体系的模式。

2. 确立 HACCP 实施方案

该方案应当包括:组建 HACCP 队伍—认定生产目标—描述加工过程—构建工艺流程图—量化危害与风险程度—确定关键控制点—确定每个关键控制点关键限值—确定每个关键控制点的监控系统与记录—建立纠偏方案—建立档案—建立校验程序—操作程序手册—审验、复查与培训—HACCP 计划评价。

3. 丰富、完善 HACCP 管理体系

各国的实践证明,实施 HACCP 管理能有效杜绝有毒、有害物质和微生物进入饲料原料或配合饲料生产环节。同时由于关键控制点的有效设定和检验,保证了最终产品中各种药物残留和卫生指标均在控制限以下,确保了饲料原料和配合饲料产品的安全。对新推行 HACCP 管理体系的国家、地区或者行业,应当认真总结传统管理模式的经验和成效,并与 HACCP 管理体系进行全面的

比较，结合国情和行业特点，不断丰富和完善这一全新的管理体系。

（三）危害分析与关键控制点管理体系在饲料加工中的应用

饲料生产与加工的全过程是指配合饲料原料的栽培、田间管理、收获、储藏与饲料企业进行配合饲料的加工的过程。在饲料产品生产加工的各个环节具体执行 HACCP 管理，要根据 HACCP 的 7 个基本组成要素制定具体实施方案。

首先必须分析饲料生产与加工的工艺流程中有可能导致直接使用产品的动物即饲料的消费者不利的或影响动物产品质量的因素，确定关键控制点。

其次进行危害确认与危害分析，列出所有相关的危害。

最后制定出 HACCP 计划、控制措施和标准。

配合饲料原料如能量饲料玉米、高粱和蛋白质饲料大豆等多数是植物性饲料，其栽培生产程序包括：选地→整地、施肥→选良种、种子处理、播种→追化肥、灌水、施农药→收获→晒制→储藏等。

配合饲料原料如饼粕类饲料大豆饼粕、棉籽饼（粕）、油菜籽饼（粕）等，生产工艺流程为：大豆或油菜籽→清理→轧胚→蒸炒→压榨→冷却→饼粕。

配合饲料加工工艺基本流程为：原料接收→清理→粉碎→配料→混合→膨化或制粒→冷却→成品。

掌握从配合饲料原料的生产到加工成畜禽可直接饲用的配合饲料产品的整体全过程，逐项分析有可能对动物生长和生产产生不利的影响因素、导致动物产生疾病的因素、使动物产品质量下降的因素，来确定危害发生的各种原因和关键控制点，严格执行控制标准和检测程序,采取恰当的纠正措施,以确保饲料安全。

1. 饲料生产与加工中的危害分析

危害分析一般分为两个阶段,即危害识别和危害评估。应对照饲料生产与加工流程中从原料生产到配合饲料成品的每一个环节进行危害分析。系统分析常见可能的潜在危害有以下几点。

①化学污染。植物性饲料生长的环境如土壤、水等,栽培措施如施肥、灌水、用农药防病虫等,收获方法、晒制储藏等造成的化学污染。饲料中抗营养因子如豆粕中抗胰蛋白酶、棉籽粕中棉酚、菜籽粕中的硫葡萄糖甙、高粱中的单宁等。饲料添加剂中非法使用违禁药物,如使用"瘦肉精",添加高剂量的铜、锌,滥用抗生素、激素等。

②微生物污染。采购来自疫区、用有疫情的畜禽为原料加工的动物性饲料,如肉骨粉、羽毛粉、血粉等。饲料原料的霉变和饲料处理不当可使有害细菌和霉菌快速增殖,这些微生物产生的一些代谢产物属毒性物质,能够引起动物的中毒,人通过食用残留毒素的肉、奶、蛋可引起疾病。

③饲料中的物理危害。主要指异物,如沙子、碎石、玻璃和金属等杂物。

④配合饲料加工设备性能。如粉碎粒度、混合均匀度、膨化和制粒温度等。

⑤人员素质。饲料生产加工人员是否依法遵章生产,质检人员是否严格执行饲料原料和配合饲料产品标准,饲料配方人员是否科学设计等。

2. 饲料生产与加工中的关键控制点

关键控制点是具有相应的控制措施,使饲料危害被预防、消除或降低至可接受的一个点、步骤或过程。一个关键控制点可以控制一种以上的危害,同样,几个关键控制点可以用来共同控制一种危害。在饲料生产与加工过程中可把几方面作为控制点。一是植物性饲料生产的产地选择,供给饲料营养的施肥和灌水,预防和治理饲料病虫杂草危害的喷洒农药,收获饲料的时期和方法等。二是配合饲料原料验收和储藏。配合饲料原料有能量饲料、蛋白质饲料、矿物质饲料和添加剂饲料等,种类多样,产地不同,品质各异,半成品原料加工方法不一致,价格有差异。要按照饲料质量标准做好原料入厂控制和原料投入使用前的控制。三是配合饲料加工工艺中饲料粉碎、配料和混合,监控粉碎粒度、称量准确度和混合均匀度等。四是成品检验,加工生产线上被检产品是否按照饲料配方配合加工,能否达到产品的营养指标。五是配合饲料成品的包装、储藏和运输等。

3.饲料生产与加工中的监控标准和方法

关键控制点确定后,应为每个关键控制点建立关键限值或执行标准,实施切实可行而有效的控制措施,保证控制措施按标准或限值进行。关键限值可参照现有标准制定或执行,如配合饲料原料有玉米(GB/T 17890—1999)、高粱(NY/T 115—1989)、麦麸(NY/T 119—1989)、豆粕(GB/T 19541—2004)、棉籽粕(NY/T 129—1989)、鱼粉(GB/T 19164—2003)、饲料添加剂(GB 13078—2001)等饲料用质量标准;有配合饲料企业卫生规范(GB/T 16764—1997);配合饲料产品有仔猪、生长肥育猪配合饲料标准(GB/T 5915—93),产蛋后备鸡、产蛋鸡、肉用仔鸡配合饲料标准(GB/T 5916—2004)。饲料颗粒的粒度、含水量和饲料储藏的温度、湿度等条件也有具体要求,配合饲料混合均匀度有规定的测定法等。

监控是指实施一个有计划的观察和测量程序,以评估一个关键控制点是否被控制,并且为将来验证使用时做出准确的记录。监控有生产线上监控和生产线外监控,监控原料产地、原料包装标志、政府法规是否允许、卫生环境条件、现场观察检查、饲料粒度、均匀度、化学成分和微生物等。监控的方法应快速易行，有现场观测、品评，物理测定、化学分析和微生物快速检测等。监控过程所获得的数据应由专业人员进行评价，及时调整生产加工控制措施。

在饲料生产与加工中实施 HACCP 体系，首先要正确认识推行 HACCP 体系的重要意义。一定要深刻理解和准确把握 HACCP“预防控制”的思想和方法，要因地制宜，简化和适应饲料生产与加工需要的管理，要做到具体问题具体分析。这将有利于提高饲料安全和动物产品质量，确保人类健康。

六、我国有关饲料质量安全的法律法规

(一)我国现有的与饲料质量安全有关的法律法规

1.现有饲料质量安全法规

为了保证畜禽产品的安全,国家十分重视饲料安全工作,为此制订发布了一系列的法规、标准及管理办法,投入了大量的人力、物力支持饲料安全研究项目,而且将饲料质量的监管重点由注重饲料有效、卫生向饲料安全、有效、不污染环境转变。

我国现行饲料法规体系包括国家法律、国务院行政法规、国家强制标准、农业部部令公告、与饲料执法有关的其他国家机关和国务院部门公告、地方性法规或规章,其中国务院颁布的《饲料和饲料添加剂管理条例》和农业部颁布的一系列部令公告构成了我国饲料法规体系的主体框架。这个体系包括:①国家法律:与饲料行政执法有关的国家法律有《中华人民共和国农业法》、《中华人民共和国产品质量法》、《中华人民共和国农产品质量安全法》、《中华人民共和国行政处罚法》、《中华人民共和国行政复议法》等。②国务院行政法规：与处理饲料违法案件有关的国务院行政法规比较多，最主要的是《饲料和饲料添加剂管理条例》及对条例的释义。③国家强制标准：目前与处理饲料违法案件有关的国家强制标准有《饲料卫生标准》和《饲料标签》。④农业部部令公告：主要包括《饲料添加剂和添加剂预混合饲料产品批准文号管理办法》、《饲料添加剂和添加剂混合饲料生产许可证管理办法》、《新饲料和新饲料添加剂管理办法》、《进口饲料和饲料添加剂登记管理办法》、《饲料添加剂安全使用规范》、《动物源性饲料产品安全卫生管理办法》、《饲料添加剂品种目录》和《禁止在饲料和动物饮用水中使用的药物品种目录》。⑤地方性法规或规章：主要有各省、自治区、直辖市人大和常务委员会或人民政府发布的与处理饲料违法案件有关的公告、饲料管理条例、实施细则等。⑥与饲料执法相关的其他国家机关和部门公告：如最高人民法院关于依法惩治非法生产、销售、使用盐酸克伦特罗等禁止在饲料和动物引用水中使用的药品等犯罪活动的规定，以及国家质量技术监督局关于实施《产品质量法》若干问题的部分意见。

2.饲料标准制定情况

1986 年全国饲料工业标准化技术委员会成立，截至 2002 年底，共发布国家标准和行业标准 260 余项。近年来，饲料制标工作的重点已转向安全卫生指标、药物残留检测和基础通用标准。农业部组织制定了《饲料卫生标准》、《饲料标签》强制性标准和生产无公害畜禽产品所用的饲料使用准则，还制定了一批饲料中药物残留的检测方法。目前，饲料中盐酸克伦特罗、莱克多巴胺、西马特罗、安定、苯巴比妥、氯丙嗪、己烯雌酚、雌二醇、玉米赤霉烯酮、氯霉素、呋喃唑酮、金霉素、土霉素、氯苯胍、喹乙醇、莫能菌素、杆菌肽锌、氯羟吡啶、尼卡巴嗪、盐霉素、林可霉素、百里霉素、盐酸氨

丙啉、二甲硝咪唑、磺胺二甲嘧啶和磺胺间甲氧嘧啶等30多种饲料违禁药物和兽药的检验方法均已制定完毕。

3.对添加使用违禁药物的量刑问题

最高人民法院、最高人民检察院于2002年发布了《关于办理非法生产、销售、使用禁止在饲料和动物饮用水中使用的药品等刑事案件具体应用法律若干问题的解释》:对非法生产、销售盐酸克伦特罗等违禁药品,扰乱药品市场秩序,情节严重的,以非法经营罪追究刑事责任;在生产、销售的饲料中添加盐酸克伦特罗等违禁药品,或者销售明知是添加有违禁药品的饲料,情节严重的,以非法经营罪追究刑事责任;使用盐酸克伦特罗等违禁药品或者含有违禁药品的饲料养殖供人食用的动物,或者销售明知是使用盐酸克伦特罗等违禁药品或者含有违禁药品的饲料养殖供人食用的动物的,以生产、销售有毒、有害食品罪追究刑事责任;明知是使用盐酸克伦特罗等违禁药品或者含有违禁药品的饲料养殖的供人食用的动物,而提供屠宰等加工服务,或者销售其制品的,以生产、销售有毒、有害食品罪追究刑事责任。目前全国已有十多人因在饲料生产、养殖环节添加使用"瘦肉精"或销售含有"瘦肉精"的生猪、猪肉而被判刑或受审。

(二)加强社会责任意识

1.饲料企业应加强社会责任意识

影响饲料安全的因素是多方面的,既有技术的原因,也有市场体系不健全的原因,既有监管不到位的原因,也有企业社会责任感较弱的原因。但综合来看,饲料生产的源头在广大的饲料企业,饲料安全的根本也在饲料企业。生产者、经营者及使用者的趋利动机以及各种有意或无意的不规范行为，是造成现阶段我国饲料产品质量安全问题的直接原因。因此从这一点来说，饲料企业如果没有强烈的社会责任感，在生产经营过程中就容易为利益左右，忽略饲料安全的重要性，甚至直接使用违反安全原则的原料和添加剂，从源头上导致了饲料安全的重大隐患。广大饲料企业应该认识到，饲料工业是畜牧业发展的基础，而饲料安全是动物性食品安全的根本保障，动物性食品的安全是关系到广大人民群众生命健康的重大问题。如果我们的企业生产的饲料存在影响动物及人体健康的不安全隐患，畜牧业将深受其害，人民群众的利益更将受到巨大的损害。饲料安全已经不仅仅关系到饲料企业自身的发展，更关系到畜牧业的繁荣及人民群众的生命和健康。在以人为本的时代，没有什么能够比人的生命和健康更重要的，因此饲料企业必须树立强烈的社会责任感，才能从根本上保障饲料安全和动物性食品安全。

2.提高守法意识，加强饲料中禁止使用的药物及添加剂的使用管理

农业部 105 号公告规定允许使用的饲料添加剂共 12 类 173 个品种，饲料企业可以使用这些饲料添加剂和以后农业部批准的新饲料添加剂加工生产预混合饲料、浓缩饲料、配合饲料和精补饲料等。凡不在上述规定范围而作为饲料添加剂使用的，应按农业部的规定进行新产品审批，并取得产品批准文号。进口饲料添加剂需向农业部申请登记，获得进口登记许可证后方可进口。进口的饲料添加剂在其包装上需印有登记许可证号和符合 GB 10648—1999 要求的中文标签。农业部 168 号公告中明确规定，可在饲料中长时间添加使用的药物添加剂共 32 种，其产品批准文号使用“药添字”。目前，市场上流通的“药添字”文号的药物添加剂产品，凡不属于上述 32 种范围内的，已禁止在饲料中添加使用。农业部还规定，仅通过混饲给药的饲料添加剂共 22 种，其产品批准文号使用“兽药字”，由各养殖场（户）凭兽医处方购买使用，所有商品饲料中不得添加。根据需要，养殖场（户）可凭兽医处方将上述 22 种饲料药物添加剂及今后农业部批准的同类产品预混合后添加到特定的饲料中使用，或委托具有生产和质量控制能力并经省级饲料管理部门认定的饲料厂代加工生产含药饲料。含药饲料外包装上必须标明兽药有效成分、含量和饲料厂名。含药饲料仅限委托生产的动物养殖场（户）自用，任何单位或个人不得销售或倒买倒卖，违者按照《兽药管理条例》和《饲料和饲料添加剂管理条例》的有关规定进行处罚；农业部 176 号公告、193 号公告中禁止在所有食品动物的饲料和饮用水中使用的药品、兽药和化合物共 7 大类 56 种，即肾上腺受体激动剂类 7 种，性激素类 17 种，蛋白同化激素类 2 种，精神药品 19 种，抗生素药物 9 种，各种抗生素滤渣和各种汞制剂类杀虫剂。禁止在水产食品动物的饲料和饮水中使用的杀虫剂有 9 种，即毒杀芬（氯化烯）、杀虫脒（克死螨）、无氯酚酸钠、双甲脒、酒石酸锑钾、孔雀石绿、林丹、锥虫胂胺和呋喃丹（克百威）。上述药品、兽药和化合物严禁在饲料和动物饮用水中使用，如有违反，将受到法律的严厉制裁。

3. 积极开展饲料产品认证

产品认证已有 100 多年的历史。在国际上，许多国家重视和开展产品认证。我国从 20 世纪 80 年代初，首先在电子产品、电子工业产品开展质量认证工作。为了保证人体健康，保护动物生命安全，促进饲料工业和养殖业的健康发展，2003 年 12 月 31 日，国家认监委和农业部根据《中华人民共和国认证认可条例》和《饲料和饲料添加剂管理办法》，联合发布了《饲料产品认证管理办法》，规定了饲料产品认证的对象包括单一饲料、添加剂预混合饲料、浓缩饲料、配合饲料和精料补充料等饲料产品及营养性饲料添加剂

图书在版编目(CIP)数据

畜禽饲料安全使用与监控技术/农业部农民科技教育培训中心，中央农业广播电视学校组编．—北京：中国农业大学出版社，2008.11

（新型农民培训丛书）

ISBN 978-7-81117-610-0

Ⅰ.畜…　Ⅱ.①农…②中…　Ⅲ.畜禽-饲料加工-安全技术　Ⅳ.S816.34

中国版本图书馆 CIP 数据核字(2008)第 169373 号

书　名　畜禽饲料安全使用与监控技术

作　者　农业部农民科技教育培训中心　中央农业广播电视学校　组编

策划编辑　汪春林　高　欣　　**责任编辑**　李秉真
封面设计　郑　川　　**责任校对**　陈　莹　王晓凤
出版发行　中国农业大学出版社
社　址　北京市海淀区圆明园西路 2 号　　**邮政编码**　100193
电　话　发行部 010-62731190,2620　　读者服务部 010-62732336
　　　　编辑部 010-62732617,2618　　出　版　部 010-62733440
网　址　http://www.cau.edu.cn/caup　　**e-mail** cbsszs@cau.edu.cn
经　销　新华书店
印　刷　涿州市星河印刷有限公司
版　次　2009 年 1 月第 1 版　　2009 年 1 月第 1 次印刷
规　格　850×1 168　　32 开本　　2.75 印张　　67 千字
印　数　1～7 000
定　价　5.50 元

凡本版教材出现印刷、装订错误，请向中央农业广播电视学校教材处调换
联系地址：北京市朝阳区来广营甲 1 号；电话：010-84904997；邮编 100012
网址：www.ngx.net.cn